Naile Tua

Fundamentos básicos de la producción de cabras

Naile Tua

Fundamentos básicos de la producción de cabras

Herramientas basicas para la cria de cabras

Editorial Académica Española

Imprint
Any brand names and product names mentioned in this book are subject to trademark, brand or patent protection and are trademarks or registered trademarks of their respective holders. The use of brand names, product names, common names, trade names, product descriptions etc. even without a particular marking in this work is in no way to be construed to mean that such names may be regarded as unrestricted in respect of trademark and brand protection legislation and could thus be used by anyone.

Cover image: www.ingimage.com

Publisher:
Editorial Académica Española
is a trademark of
Dodo Books Indian Ocean Ltd. and OmniScriptum S.R.L publishing group

120 High Road, East Finchley, London, N2 9ED, United Kingdom
Str. Armeneasca 28/1, office 1, Chisinau MD-2012, Republic of Moldova, Europe
Printed at: see last page
ISBN: 978-613-9-40820-7

Fundamentos Básicos para la Producción de Cabras

MV Naile Tua

Introducción

INTRODUCCIÓN

La cría de caprinos es una de las mejores inversiones que se pueden realizar en el mundo pecuario. Este simpático animal tiene maravillosas ventajas, que lo hace destacar entre los animales más nobles, del cual en ocasiones sin recibir nada, nos da mucho a cambio. Tal como estudiaremos a lo largo de esta obra, la cabra es un animal que forma parte de nuestra vida desde hace muchísimos años, quizás uno de los primeros animales en ser domesticados. Se caracteriza por su gran docilidad, resistencia, prolificidad y una gran capacidad de transformar forrajes de escaso valor nutritivo en alimentos deliciosos y nutritivos.

Los caprinos llegaron a nuestro continente en el segundo viaje del navegante genovés Cristóbal Colón en 1492 cuando desembarcaron por primera vez en la isla española que actualmente se conoce como República Dominicana. Desde allí se distribuyeron a lo largo y ancho de todas las tierras conquistadas. Al principio fueron considerados como plagas, sin embargo, en realidad ese calificativo lo ganaron gracias a la capacidad que tiene de adaptarse a ambientes inhóspitos donde la producción de otras especies sería sencillamente imposible. Los caprinos descienden de un tronco filogenético de cabras salvajes capaces de trepar las más altas montañas y soportar temperaturas extremas. En esta obra encontrarás herramientas básicas para mejorar tu sistema de producción y si estás pensando en iniciarte en esta hermosa actividad, estoy segura que lo que aquí obtengas, te servirá para arrancar con buen pie tu proyecto caprino. Por supuesto, esto debe estar acompañado de claridad de objetivos, disciplina y amor por lo que haces.

MV Naile Tua.

CAPÍTULO I

INTRODUCCIÓN A LA CRÍA CAPRINA

Evolución histórica de la cabra

Para tratar el tema de la evolución histórica de la cabra a nivel mundial y cómo ha sido su comportamiento productivo en nuestro país, necesariamente debemos dirigirnos hasta unos 8.000 o 10.000 años antes de Cristo, ya que distintas fuentes bibliográficas reportan que este animal fue uno de los primeros animales domesticados en Asia.

Domesticación

Es un proceso mediante el cual el hombre primitivo ideó estrategias para lograr atraer a ciertos animales que mostraban potenciales para beneficiarse de ellos, principalmente en la alimentación y vestidos. El hombre primitivo logró atraerlos y mantenerlos cerca de su vivienda, esto ocurrió cuando dejó de ser nómada. Poco a poco estos animales se hicieron dependientes del ser humano, principalmente en lo que se refiere a conseguir su alimento. El ancestro de la cabra doméstica , según diversos reportes antropológicos, es una cabra montesa (***Capra aegagrus***), que fue domesticada junto a la oveja en el Oriente próximo al este de Turquía y al oeste de Irán.

De este ancestro han heredado la cualidad de trepar y escalar, así como su notable resistencia a las condiciones climáticas extremas; estas cabras salvajes aún habitan estos parajes en la actualidad. La domesticación fue un proceso que se llevó a cabo durante muchos años.

Según reportan las bibliografías, la domesticación de la cabra ocurrió entre el este de Turquía y el oeste de Irán en el área correspondiente entre los ríos Tigris y Eufrates. Fuente internet

¿Qué beneficios obtuvo de las cabras el hombre primitivo?

Precisamente el primer producto apreciado en estos animales fue la carne, y es lógico pensarlo ya que esto vino a solventar su necesidad primaria de alimentación, luego su piel, que le sirvió como vestido. Estos hombres primitivos, en busca de alimento, por supuesto utilizaron la carne, y en segundo lugar la piel para la elaboración de vestidos y calzado. Es de esperarse que al principio la producción de leche de estos animales era única y exclusivamente para las crías y luego descubrieron las bondades de la leche para su propio consumo.

Más adelante, con el paso del tiempo aprendieron a elaborar queso y así fueron descubriendo las bondades de esta especie. Actualmente, la mayor población caprina mundial se concentra aún en estas regiones.

Llegada de los caprinos a tierras americanas

Los caprinos llegan a tierras americanas traídos por los conquistadores españoles comandados por Cristóbal Colón en su segundo viaje. No solo trajeron cabras, también vacas, cerdos, gallinas, pavos, patos y equinos. Trajeron todos estos animales porque ellos venían con la finalidad de establecer su colonia en estas tierras. La cabra, al igual que la oveja, quedó en manos de las personas que pertenecían en aquel entonces al estrato social más bajo. Por muchísimos años se mantuvo de la misma manera y allí fue donde surgió la ganadería tradicional que aún prevalece en Venezuela. Esta, se maneja en la actualidad en nuestro país y ha pasado de generación en generación. Esta ganadería se desenvuelve a libre pastoreo y la leche y carne producida en este sistema, abastece el consumo familiar principalmente. En el sistema tradicional, la producción caprina no representa una actividad de importancia económica ya que desde aquellos tiempos fueron considerados una especie sin ningún valor económico.

Fueron llamados entonces especies marginales, el ganado del pobre, la vaca del pobre, etc. Las cabras también fueron consideradas una plaga ya que acababan con toda la vegetación que se les ponía enfrente, crecieron de una manera descomunal porque estaban a libre pastoreo y se reprodujeron sin ningún control, entonces, acabaron con toda la vegetación de los de los campos y cerros. A pesar de todo esto, el nivel de producción nunca era comparable con el de una vaca, entonces tener cabras pasó a ser un indicio de pobreza.

Ventajas de la producción caprina
- Son animales muy rústicos, excelentes para producir en zonas donde existen periodos de sequía con altas temperaturas.
- Son animales resistentes que saben comportarse ante la escasez de alimentos, porque aprovechan mayor cantidad de forrajes en su alimentación.
- Son mucho más resistentes a las enfermedades.
- Los costos para construir los corrales y otras instalaciones son menores, primero por el tamaño y en segundo lugar porque pueden hacerse con materiales de la zona.
- Las cabras son más fáciles de manejar y más dóciles por lo que pueden ser cuidadas por mujeres y niños.
- Si están bien alimentadas y cuando han recibido un buen manejo genético, es decir, provienen de buenos cruces, expresan un excelente potencial lechero.
- Su leche es más digestible en comparación con la leche de vaca.
- Son prolíficas, es decir, en ocasiones podemos obtener hasta 2 crías por parto.
- Su ciclo reproductivo es corto.

Las cabras son capaces de aprovechar gran variedad de forrajes de bajo valor nutricional

¿Dónde se concentra la mayor población caprina en Venezuela?

Lara, Falcón y Zulia, son los tres estados con mayor población caprina en Venezuela por su inmensa cantidad de animales criados a libre pastoreo. Generalmente los censos están por debajo de la realidad, en parte por la dificultad de acceso a las poblaciones y por otro lado, el productor caprino tradicional se caracteriza de manera general, por cierto grado de reserva a la hora de revelar información relacionada con su rebaño, principalmente en cuanto a número de animales se refiere.

Si comparamos la cantidad de animales reflejada en los censos entre la década de los 80 y los 90 con los últimos años, notaremos que hay una disminución de la población caprina siendo esto una de las principales causas del abandono del campo. Cuando la situación económica de Venezuela se hizo crítica a comienzos de los 90 principalmente, la crisis económica, no solo en Venezuela sino a nivel mundial, provocó que las personas que habitan el medio rural, abandonaran el campo para dirigirse a las grandes ciudades en busca de "un mejor futuro".

Hoy día ha despertado el interés por desarrollar una actividad caprina más organizada. En nuestro país existen muchas organizaciones públicas y privadas que promueven la actividad caprina, encontramos instituciones dedicadas a la investigación, asistencia técnica, capacitación, extensión, prestación de servicios y otorgamientos de créditos, pero llama la atención que pese a existir gran interés de apoyar la actividad caprina, no se obtengan los resultados deseados.

Percepción del productor ante la actividad caprina.

Por el hecho de que la ganadería caprina se fundamentó en nuestro país como algo tradicional, como una ganadería que pasaba de generación en generación y que fue asociada mentalmente a la posesión del pobre, todos quedamos enganchados en la creencia de que la ganadería caprina es de pobres, en otras palabras, la hemos relacionado con la pobreza y la improductividad. Entonces por muchos esfuerzos que se hagan, si no cambiamos esa creencia y buscamos el conocimiento para acabar con todos los mitos que se han tejido alrededor de esta actividad, adquiriendo las herramientas necesarias para desarrollarla con éxito, no lograremos disfrutar de los innumerables beneficios que esta nos ofrece.

Tomando como referencia países desarrollados como Francia y España entre otros, donde la ganadería caprina es una actividad de mucha relevancia, podemos conocer que ellos perciben al caprino de un modo distinto, incluso conservan su genética autóctona y trabajan para mejorarla, porque ellos creen y han trabajado sobre las ventajas que ofrece este animal y la han puesto al servicio de su beneficio económico y social

Estadísticas del consumo de carne caprina

En nuestro país, por ejemplo, existen estadísticas que sostienen que en un año el consumo per cápita, es decir, el consumo por cabeza o por persona de carne de cabra, es entre 0,3 a 0,4 kg por año, es decir, solamente se consume carne de caprino quizá una o dos veces en el año cuando tenemos alguna fiesta o alguna ocasión especial.

No acostumbramos ir a las carnicerías en busca de carne caprina, aun cuando esta se ofrece a menor precio que la carne bovina. Aunque algunos aseguran que el consumo ha ido en aumento. Sencillamente es un tema cultural, el consumo de carne se refleja en el siguiente orden: carne de res, marrano y pollo. Se trata solo de conocer el gran potencial que tiene la ganadería caprina.

Cuadro 1. Composición química de carne magra de diferentes especies. En porcentaje

Especie	Humedad	Proteína	Lípidos	Cenizas
Ternera	71.4	21.2	5	1.08
Cordero	72.5	20.9	5.9	1.06
Cerdo	71.8	21.8	5.3	0.98
Pollo	75.5	21.4	3.1	0.96
Pavo	74.2	21.8	2.9	0.97
Cabrito	75.8	20.6	2.3	1.1
Conejo	72.8	20.1	5.6	0.72

Fuente internet

Observen en el cuadro anterior la composición de los diferentes tipos de carne según la especie, la carne de ternera presenta 4,4% menos agua o humedad que la carne de cabrito. La diferencia en la composición proteica no es significativa, sin embargo, el valor de las grasas (lípidos) es mayor en la carne de ternera.

La caprinocultura como agronegocio.

Desde que iniciamos este capítulo nos hemos referido a la rentabilidad que puede alcanzar una unidad de producción caprina. En vista de que no se necesita una inversión muy alta y que con cuidados básicos en cuanto a la alimentación, la sanidad y una adecuada selección de las razas que vamos a explotar, según el ambiente donde vamos a desarrollar la ganadería y el sistema de producción podemos obtener excelentes resultados en poco tiempo.
 Debemos ampliar nuestros conocimientos financieros y perder el miedo a la palabra agronegocio. Muchas veces, solo escuchar esta palabra agronegocio, trae a nuestra mente la idea de una empresa muy grande, difícil de lograr, con tecnología de punta, sin embargo, es importante considerar que este término se refiere a una empresa de producción pecuaria.
Cuando hablamos desde el punto de vista empresarial lo podemos consolidar en cuatro palabras: organización para las finanzas. Todo productor, sin importar

cuál sea su sistema de producción, debe poseer una organización financiera que le permita tener éxito en su explotación. Incluyendo a quienes se dedican a la ganadería caprina tradicional no les vendría mal organizar sus finanzas, esto les ayudará a obtener mejores ingresos y solventar de una manera más amplia las necesidades básicas de su núcleo familiar.

Es fundamental que todos tengamos conocimientos básicos de administración ya que sin esto difícilmente sabremos si estamos ante una actividad rentable.

Las cabras poseen una alta capacidad de adaptación al medio ambiente y de transformar alimentos de bajo valor biológico en alimentos como leche y carne.

Anatomía y fisiología de la cabra lechera

La anatomía, está referida al estudio de todas aquellas partes que conforman el cuerpo del animal. La anatomía está dividida en el estudio de los huesos

(osteología), estudio de los músculos (miología) y el estudio de las articulaciones (sindesmología). Luego tenemos el estudio de los órganos internos el cual se hace por sistemas (digestivo, respiratorio, circulatorio, nervioso, endocrino, linfático y los órganos de los sentidos).
La anatomía permite ubicar las patologías para abordarlas de forma más segura para el paciente. La fisiología, es el estudio del funcionamiento normal de los órganos, esto nos permite determinar cuando algo anda mal, en otras palabras, identificar un desarreglo orgánico o una enfermedad. Es necesario conocer el funcionamiento básico de la glándula mamaria.

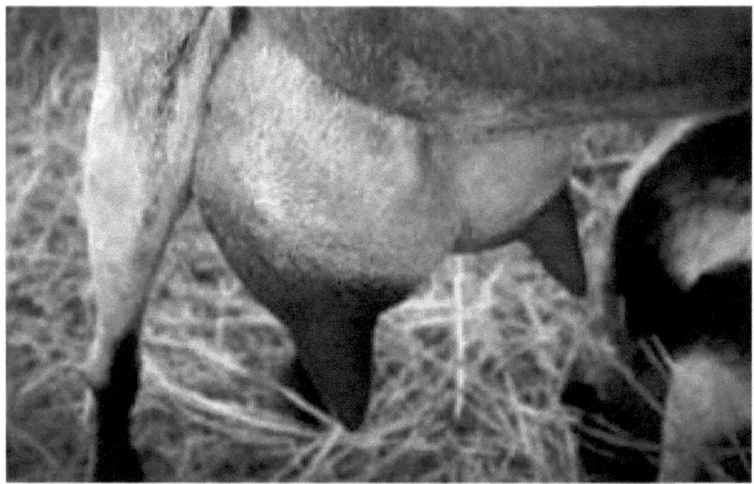

Fuente internet

Anatomía de la glándula mamaria

Glándula mamaria

La glándula mamaria está conformada por dos bolsas separadas por un ligamento llamado ligamento suspensorio y está cubierta por un tejido glandular suave, formado por conductos a través de los cuales es transportada la leche hacia el exterior a través de la extracción (ordeño) y la acción de la alimentación de la cría (mamado del cabrito).

La leche es almacenada en la parte inferior de la glándula, que se conoce como cisterna de la glándula mamaria y es expulsada a través del pezón. Se estima que para producir 1 L de leche es necesario que la ubre reciba 500 L de sangre. La forma de la ubre varía según la edad del animal, siendo más abultada en animales adultos y multíparas presentando un colgamiento a medida que aumenta el número de partos y la longitud de los pezones va de 3 a 5 cm. Estos pezones están ubicados de forma lateral y dirigidos hacia adelante.
Una de las características es que las cabras desarrollan pezones extra-numerarios, conocidos también como pezones supernumerarios.

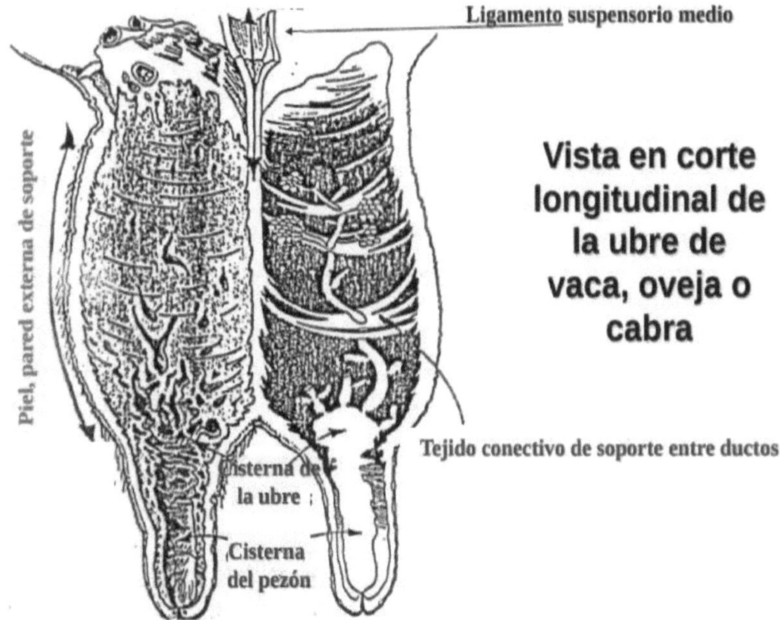

Anatomía de la glándula mamaria. Fuente Drescher. UCV

La glándula mamaria es el órgano encargado de la fabricación de la leche. La leche, es un producto cargado de proteínas y otros nutrientes que sirven de alimento a las crías durante las primeras semanas de vida. La primera secreción de la glándula mamaria se conoce con el nombre de calostro y prácticamente es la primera vacuna que reciben las crías luego del nacimiento. Este calostro se transforma en la leche, que también ha utilizado el ser humano como superalimento.

Ya hemos visto cómo desde tiempos muy antiguos la leche ha constituido un alimento muy importante dentro de la dieta del ser humano. La glándula mamaria se conoce también con el nombre de ubre y está situada en la región inguinal del animal. Una ubre debe tener una forma globosa, es decir, redondeada además de ser suave y tener una buena inserción. ¿Qué quiere decir que tenga una buena inserción?, que esté completamente adherida al abdomen. En algunos casos puede estar cubierta de pelo, esto depende de la raza de la cabra y consta de dos cuartos.

La forma de la ubre es un elemento muy importante a la hora de elegir qué tipo de animales nos conviene tener según el sistema de producción en el que vamos a trabajar. Si nuestro rebaño se encuentra en un sistema de producción de libre pastoreo, lo más conveniente es que tengan una ubre recogida, que evite la posibilidad de presentar heridas por espinas y consecuentemente la pérdida de un animal en producción por mastitis.

La ubre, internamente, se presenta como una especie de arbolitos o de círculos que reciben el nombre de alvéolos mamarios, estos. Estos, son espacios muy pequeños, microscópicos, donde se forma la leche. Allí ocurre el intercambio de los nutrientes que viajan en la sangre para fabricar la leche y va se va acumulando en todos esos alvéolos. La leche fabricada se transporta por unos canales internos, imagínense un sistema con tuberías muy finas que desembocarán en la cisterna de la glándula mamaria.

Cisterna de la glándula mamaria:

La cisterna de la glándula mamaria está definida como un espacio donde se va a ir acumulando la leche y luego vamos a notar como se va llenando la ubre. Cada pezón tiene un espacio vacío interno que se conoce con el nombre de cisterna del pezón y un agujero por donde sale la leche.

El espacio medio de la glándula mamaria, está representado por una banda de tejido conectivo fibroso conocido como ligamento suspensorio cuya función es mantener a la glándula mamaria suspendida en su lugar para darle forma . A medida que la cabra avanza en lactancias, el ligamento va perdiendo firmeza.

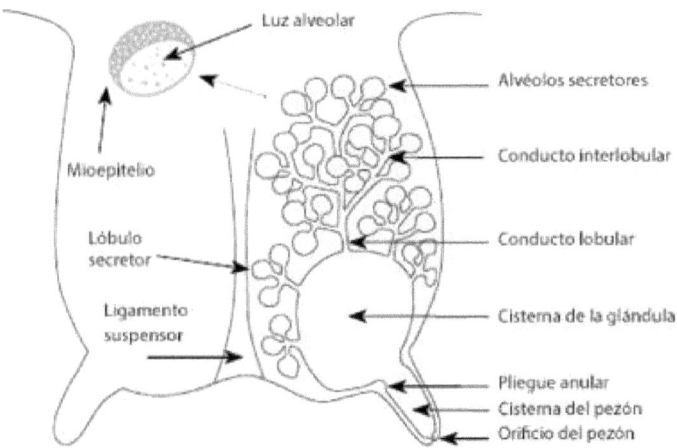

Estructura interna de la ubre. Fuente internet

Cuñas lecheras:

Son una serie de líneas imaginarias que podemos dibujar en el animal. Una cabra lechera nos va a dar esa sensación, si la vemos por arriba, o la vemos de lado, de tener una forma de triángulo. Si la observamos por detrás, podemos dibujar una línea imaginaria que es más ancha en las caderas que en el cuello. El animal lechero tiene el cuello delgado y cuando hacemos este dibujo imaginario, notaremos una forma de triángulo.

Las cuñas lecheras nos permiten realizar una valoración fenotípica de la cabra lechera, así como también nos ayuda a determinar la expresión racial lechera de la hembra. Las cuñas lecheras son muy utilizadas para las valoraciones en las ferias.

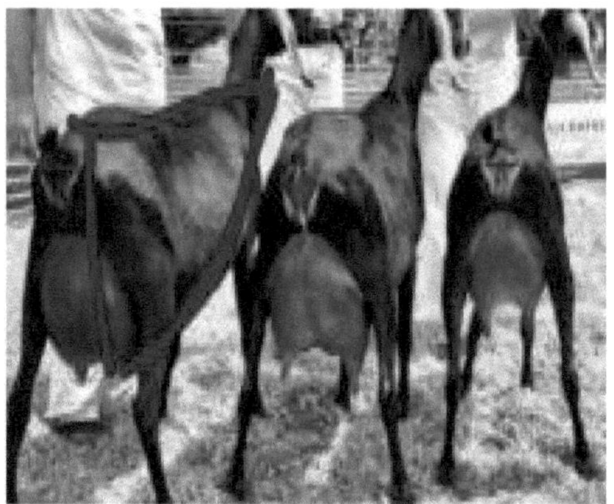

La línea azul marca la cuña lechera lateral

Vena mamaria:

La vena mamaria es un vaso sanguíneo venoso que se puede observar dirigiéndose por toda la zona ventral o por los lados del abdomen de la cabra y es la irrigación o la que lleva sangre a la glándula mamaria. Las venas son más superficiales representa un indicativo muy importante al ver qué buena productora de leche es la hembra.

Fisiología de la producción de leche:

El proceso fisiológico de producción de leche recibe el nombre de lactogénesis y está mediado por hormonas. El proceso de lactogénesis se inicia en la cabra hacia los 100 días de gestación.

La producción de leche va a depender de los siguientes factores:

• Es necesario que exista una correcta alimentación que cubra los requerimientos nutricionales en la etapa de producción de leche a la cual llamaremos lactancia.

• La producción de leche también se ve favorecida por el reflejo de la cabra criolla que fue cruzada durante muchos años con ejemplares foráneos traídos desde Asia y Europa, para obtener animales con un mestizaje superior a sus padres. Esto les permitirá adaptarse mejor a estas condiciones tropicales y desarrollarse como animales altamente productivos. Los primeros ejemplares de razas puras llegaron a Venezuela desde finales de la década de los 60 hasta principios de los 80. Estos fueron introducidos por extranjeros europeos que se habían radicado en nuestro país. Las principales razas importadas pertenecían a las razas Alpino Francés, Nubian, Canaria, Saanen y Toggenburg.

• El masaje que se proporciona a la ubre al momento del ordeño es muy importante porque tiende a estimular a nivel cerebral la bajada de la leche por otro lado debemos masajear la punta del pezón ya que en muchas ocasiones se forma un tapón de leche.

• La sola presencia del cabrito es suficiente para que la cabra comience a eyectar la leche ya que esto sirve como estímulo externo para disparar el mecanismo hormonal.

• El sonido de los baldes y la voz del ordeñador también contribuye a disparar el mecanismo hormonal de salida de la leche.

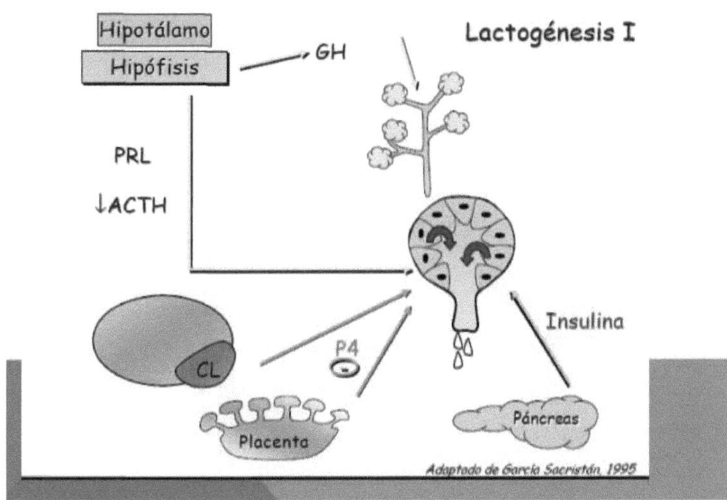

Fuente Internet

A nivel del cerebro se segrega una hormona conocida con el nombre de **oxitocina** la cual se produce en respuesta a estos estímulos y viaja a través de la sangre hasta llegar a la ubre donde se activan los alvéolos para producir la leche. Los alvéolos comienzan a contraerse y hacen que se libere la leche.

En la siguiente ilustración, pueden ver perfectamente cómo los estímulos externos envían una señal hasta el cerebro del animal se allí específicamente en la hipófisis que es una pequeña estructura una pequeña glándula que está en el tejido cerebral va a emitir la oxitocina y es la que va a activar la eyección de la leche en la glándula mamaria.

Es por esto que se utiliza la oxitocina para producir la bajada de la leche de forma comercial.

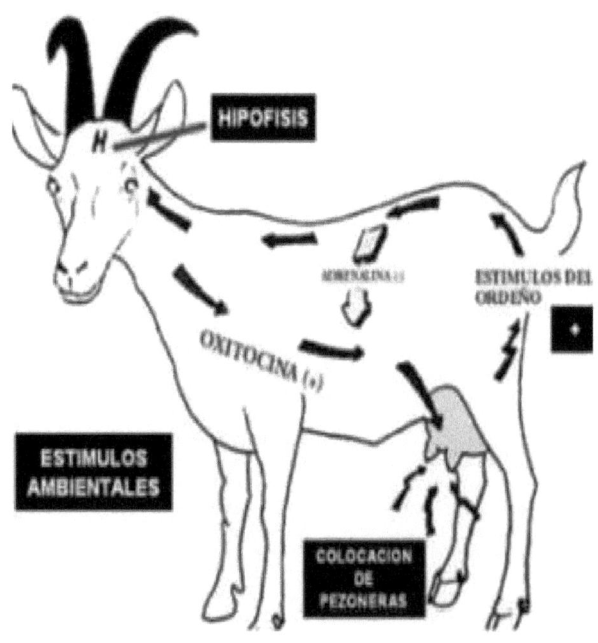

Fuente internet

Efecto de la oxitocina:

Primero para provocar la contracción de las fibras musculares del útero y para que el animal termine de expulsar la placenta. Además, tiene la función de actuar sobre los alvéolos mamarios haciendo que estos contraigan su musculatura provocando que la leche salga o se dirija hacia la cisterna de la glándula mamaria.

En mi experiencia, he podido notar que se ha establecido una práctica de aplicar oxitocina inmediatamente después del parto, sin dar tiempo a los mecanismos normales de regulación hormonal. El uso inapropiado de oxitocina puede provocar efectos contrarios a los esperados.

Recuerde que la oxitocina es una hormona y debe ser utilizada cuando está realmente indicada. Si no tiene experiencia con el uso de este producto, busque asesoría con su médico veterinario de confianza.
La dosis máxima en cabras es de 2 ml en una aplicación.

CAPÍTULO II

RAZAS CAPRINAS LECHERAS DE IMPORTANCIA EN VENEZUELA Y LATINOAMÉRICA

INTRODUCCIÓN

En este segundo capítulo, estudiaremos las razas caprinas de mayor relevancia en Venezuela y Latinoamérica especializadas en producción de leche. En el capítulo anterior estudiamos que las primeras cabras que llegaron a nuestro continente fueron parte de la tripulación de los barcos comandados por el Almirante Cristóbal Colón en su segundo viaje hacia 1492- 1493. En aquellos barcos llegaron, además de cabras, las primeras vacas, caballos, cerdos, patos, pavos y gallinas. Todos llegaron a la isla La Española y de allí se distribuyeron esos animales al resto de la región. Estas cabras criollas españolas, fueron evolucionando hasta convertirse en la cabra criolla venezolana, que por supuesto comparte características fenotípicas con el resto de las cabras criollas de los otros países que conforman este continente como son: Guatemala, Cuba, El Salvador, Honduras, México y Brasil entre otros. Este animal logró un alto poder de adaptación a las condiciones ambientales del Trópico, es decir, ellas venían de España, de unas condiciones ambientales diferentes, donde se recibe una radiación solar diferente a la que podemos percibir acá, por lo que desarrollaron una adaptación a este clima tropical.

Poco a poco se fue estableciendo la cabra criolla y gracias a esa selección natural pudo adaptarse a las condiciones medioambientales que le ofrecieron las tierras conquistadas. Hablar de razas caprinas de producción lechera en Venezuela y Latinoamérica es hablar de evolución. La cabra criolla fue cruzada durante muchos años con ejemplares foráneos traídos desde Asia y Europa, para obtener animales con un mestizaje superior a sus padres que les permitiera adaptarse mejor a estas condiciones tropicales y desarrollarse como animales altamente productivos.

Los primeros ejemplares de razas puras llegaron a Venezuela desde finales de la década de los 60 hasta principios de los 80. Estos fueron introducidos por extranjeros europeos que se habían radicado en nuestro país. Las principales razas importadas pertenecían a las razas Alpino Francés, Nubian, Canaria, Saanen y Toggenburg .

Vamos a definir algunos conceptos:

Raza

La raza puede ser definida como una población formada por individuos que luego de muchos cruzamientos o mezclas presentan unas características externas y fisiológicas similares. Ej: Saanen, Toggenburg, Criolla, Murciana, Alpino francés, Nubian, Boer.

Fenotipo

El fenotipo se refiere a todas aquellas características externas del animal que pueden ser vistas o medidas. Ej: color de capa o pelaje, forma de las orejas, presencia de cuernos, forma de la ubre, % de grasa en la leche.

Genotipo

Se refiere a la carga genética de cada animal contenida en el ADN celular el cual es heredado de sus padres.

Genes

Los genes son estructuras muy pequeñas que se ubican en el núcleo de la célula. Las células sexuales óvulos y espermatozoides llevan esta carga genética en los cromosomas, Por lo tanto, en el momento de formarse el nuevo individuo recibirá la mitad de la carga genética de su padre y la mitad de la carga genética será de su madre.

X

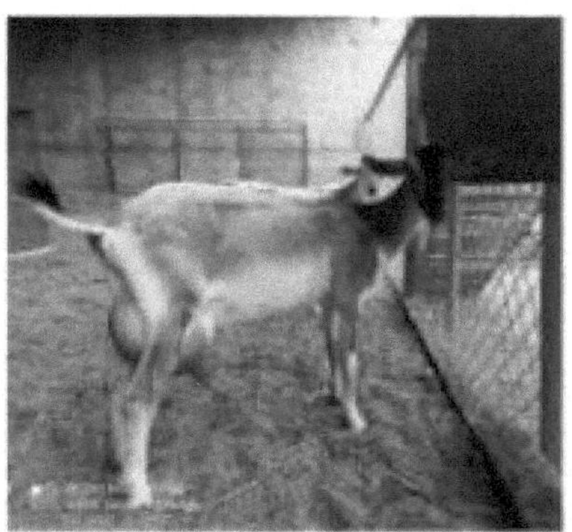

CLASIFICACIÓN DE LAS RAZAS

Según su origen las razas caprinas pueden ser:
1.   Asiáticas.
2.   .Europeas

Según su aptitud, pueden ser:
1.   Razas caprinas para la producción de leche (Saanen, Alpina, Canaria, murciana) .
2.   Razas caprinas para la producción de carne (Boer, Myotonic, Enana Nigeriana y Kiko).

3.   Razas caprinas de doble propósito (Nubian).

4.   Razas caprinas para la producción de pelo (Angora).

RAZA CRIOLLA

- Son animales con una gran capacidad de soportar las inclemencias del clima.

- Presentan una talla variada porque hay animales que pueden pesar 18 o 20 kilos y otros que pueden alcanzar 54 kilos o sea tienen un rango de peso bastante amplio.

- Se caracterizan porque tienen cuernos tanto las hembras como los machos.

- Son animales que tienen orejas horizontales y perfil recto.

- La capa o el color del pelo es variado, generalmente es pelo negro pelo blanco pelo rojo o la combinación de los tres.

- Tienen una lactancia menor de 210 días en libre pastoreo.

- Son resistentes, pueden sobrevivir en los sitios más inhóspitos de nuestra región.
- Son animales muy prolíficos, es decir, las hembras criollas, salen preñadas con facilidad y pueden parir entre uno a dos cabritos por parto.
- El promedio de producción de leche a libre pastoreo está alrededor del medio litro con 3,5% de grasa.

RAZA ANGLONUBIANA

Se le llama anglo nubiana porque la raza proviene de Inglaterra en un cruce que se hizo entre la raza Jamnapari de la India y razas de la zona de Nubia en Egipto. Los ingleses hicieron cruces con este animal y obtuvieron la anglonubia, esta raza se caracteriza porque sus ejemplares son animales de gran tamaño que pueden alcanzar un peso considerable.

Veamos las características más importantes:

- Las hembras pueden llegar a pesar 65 kg y el macho puede llegar a pesar 90 kg, en condiciones nuestras en el trópico porque en sus zonas de origen puede llegar a alcanzar hasta 140 kg el macho.
- Tienen un promedio de producción de leche de entre 700 a 900 kg por lactancia de 280 días.
- Pueden producir entre 2.5 y 3.2 litros por día.

• En cuanto a sus características fenotípicas, la raza anglonubiana se destaca por su perfil convexo o ultra convexo, es decir, tienen una curvatura pronunciada en la cara, es abultada y sus orejas son largas y colgantes.

• Los colores predominantes son negros, marrón, gris y puede haber algunos animales blancos, sin embargo, aunque el blanco es aceptado en ellos, cuando se trata de exposiciones o de ferias es no deseado. Generalmente se ven negro, marrones o gris.

Recordemos que los números que se encuentran en las referencias bibliográficas varían según la zona. En algunos van a encontrar la producción de leche de su zona de origen y en otra van a encontrar la producción de leche de los animales mestizos. Los animales de los trópicos, producto del cruzamiento con razas criollas, presentan un porcentaje de grasa de 4 a 5%.

Esto representa una leche bastante grasa, muy buena para hacer queso o para hacer derivados de otro tipo, es considerada Inclusive el Jersey de las cabras por la cantidad de grasa que contiene la leche, es un animal ideal para clima cálido.

Observe el perfil convexo que caracteriza a los ejemplares de la Raza Nubian

ALPINO FRANCÉS y ALPINO AMERICANO

El Alpino, es una raza presente en nuestro país desde hace muchísimo tiempo. Podemos encontrar animales Alpino francés y Alpino americano. El Alpino

Francés es una raza que se origina de los Alpes suizos. La hembra puede llegar a pesar 61 kg y el macho 80 kg en condiciones nuestras, así como también una producción excepcional hasta de 2.538 litros en lactancia de 280 días.

Esto representa un promedio de producción diario de 2,82 litros y un porcentaje de grasa de la leche del 3.5%. Es un animal que puede soportar temperaturas extremas tanto en calor como en frío, por supuesto, puede aguantar hasta 14 grados centígrados por ser una raza originaria de zonas frías.

El Alpino Americano se desarrolló en Estados Unidos a partir de cabras importadas de Francia y Suiza. Es un animal que presenta color crema o amarillento en la parte anterior del cuerpo y los extremos son de color negro o marrón. Es un animal más compacto, que el Alpino Francés, el peso de un animal alpino americano varía en machos de 65 a 80 kg y en hembras de 55 a 65 kg.

Cualquiera de los dos tipos de Alpino, son una excelente opción para la producción de leche de alta calidad y rentabilidad. Son altas productoras de leche, muy resistentes y con gran capacidad de adaptación.

RAZA TOGGENBURG

Es una raza originaria de Suiza. Es una cabra que se caracteriza por su belleza, adaptabilidad y alta capacidad lechera.

Características fenotípicas

• Puede llegar a alcanzar 55 kg en la hembra y 70 kg en el macho, sin embargo, en su lugar de origen, un macho puede alcanzar hasta 95 kg de peso. Tienen una producción de leche entre 600 a 900 litros en una lactancia de 280 días, pero también hay producciones excepcionales donde hay animales que alcanzan una producción de 5 a 6 litros/ día.Por supuesto, todo va a depender de las condiciones que reciban estos animales para que desarrollen ese potencial.

• Tienen un porcentaje de grasa en la leche un poco más alto que el de alpino francés, pueden llegar a tener hasta 3.7% de grasa.

• Son unos animales que se adaptan muy bien al clima frío, pueden soportar temperaturas de 14 grados centígrados al igual que el alpino francés.

• En cuanto al fenotipo de la raza, es un animal muy fácil de reconocer ya que tiene un color constante, sólido, que puede variar desde café con leche hasta café oscuro.

• Posee unas rayas de color claro que pueden ser blancas o color crema en la parte frontal de la cabeza, alrededor de los ojos y alrededor de la boca, además, en la línea ventral, en el abdomen, en los extremos de los miembros, en las cañas y cola.

• Son de temperamento dócil lo que permite una mayor facilidad de trabajo.

Hermosos ejemplares de la raza Toggenburg

RAZA SAANEN

- Originaria de los Alpes suizos.
- En nuestras condiciones tropicales puede alcanzar un peso de 60 kg en las hembras y el macho puede llegar hasta 80 kg o un poco más dependiendo de las condiciones ambientales, de alimentación y de los cruces genéticos que se hayan realizado, pueden producir en una lactancia de 280 días hasta 3.500 litros.
- Hay cabras que pueden producir entre 4 y 6 litros de leche por día con un 3.5% de grasa. Son excelentes para el clima frío.
- Por ser tan blancas y tener su piel despigmentada, tienen una sensibilidad notoria hacia la radiación solar.
- Es una cabra que se distribuye por todo el mundo y está considerada como la mejor productora de leche y su color puede ser blanco o crema, siendo el color blanco el más deseado.

• Es una cabra fuerte de huesos, con una buena conformación y una ubre modelo.

Sin embargo, para los países del trópico, aunque los ejemplares puros se han adaptado bien, es necesario evitar exponerlos a la luz solar por mucho tiempo o en las horas de mayor radiación solar ya que poseen una piel muy blanca y pueden presentar problemas.

Fuente internet

RAZA CANARIA

Es una raza originaria de las Islas Canarias en España, donde luego de cruzar animales tras una selección empírica, se logró la obtención de un animal más resistente y productivo. Lograron estas cabras canarias con esas ubres grandes a las que ya estamos acostumbrados. Cuando se trata de trabajar solamente con cabras canarias, debe hacerse solamente en estabulación, ya que en nuestras condiciones tropicales trae muchísimos problemas con las ubres colgantes.

• Tienen una variación de tamaño considerable, entre 45 a 50 kilos las hembras un poco más y los machos pueden llegar hasta 60, 70 o 90 kg de peso, tienen una producción de leche de un promedio de 3 a 4 litros por día y un poco más en caso de excepcionales.

• El color es muy variado, el pelo puede ser corto, liso, largo, rizado, las orejas pueden ser largas o cortas pueden o no tener cuernos.

Las cabras canarias son producto de la selección de cabras criollas. Fueron introducidas en Venezuela a mediados de los años 80.

RAZA MURCIANA GRANADINA

• La hembra puede llegar a pesar 50 kg y el macho puede alcanzar 60 kg.
• Tienen un promedio de producción entre 2 y 4 litros de leche por día en una lactancia de 280 días.
• Tienen un porcentaje de grasa en la leche bastante alto que puede alcanzar el 5% y son unas cabras aptas para clima cálido y la zona semiárida.
• Su pelaje de color oscuro las hace bastante resistentes a la incidencia del sol, acá en Venezuela últimamente se está tomando mucho en cuenta esta raza.
• La raza murciana se caracteriza por ser un elemento clave para el mantenimiento de la población en zonas rurales donde los animales son capaces de aprovechar recursos que ninguna otra especie es capaz de aprovechar.
• Esta raza contribuye al mantenimiento del paisaje típico, aprovechando subproductos agrícolas y zonas incultivables y al paisaje montañoso de zonas

de interior donde no puede pastar cualquier otra especie por falta de precipitaciones y calidad de pasto.

La cabra murciana tiene una especial adaptación a las temperaturas cálidas extremas.

RAZA BOER

El caprino especializado en carne Venezuela. Es probable que veamos animales con genética boer en los corrales. La raza boer es una raza especializada para la producción de carne y como tal tienen una conformación que recuerda a un paralelepípedo. No poseen las cuñas lecheras características de las razas lecheras. Este animal tiene dos líneas paralelas, si ustedes se fijan en la parte de arriba, en el lomo, podrán determinar una línea recta e igualmente en la parte ventral.

Es un animal muy musculoso, que tiene su origen en Sudáfrica, prácticamente allá, es un animal criollo que fue trabajado por los ingleses.

• Su cuerpo es casi blanco en su totalidad con una cabeza de color rojo claro u oscuro.

• Alcanzan un gran tamaño, las hembras pueden llegar a pesar 100 kg y los machos pueden llegar a pesar 140 kg por supuesto, dependiendo de las condiciones ambientales, sobre todo lo que es la alimentación.

• Son buenas productoras de leche también porque por supuesto como animales de carne deben tener capacidad de producir una buena cantidad de leche para la cría.

• Sus lactancias son muy cortas pues suelen ser de 120 días.

• Poseen alta prolificidad, sus partos son múltiples, dos crías por parto, el peso al nacer de las crías puede tener hasta un promedio de 3 kg y el peso a los 3 meses puede ser hasta de 25 kg, es un animal muy hermoso.

Ejemplar de la raza Boer

Finalmente existen unas razas de pelo que no son explotadas en el país, pero es importante mencionarlas para saber que existen. La raza Cachemir y la raza Angora, esta última, tiene su origen en Turquía, las hembras de la raza Angora son medianas y pueden llegar a pesar hasta 85 kg y los machos pueden llegar a 80 kg. Son esquilados dos veces por año, resistentes al frío y al calor y con la fibra de este pelo se obtienen finas telas. La raza cachemir es una cabra originaria de Escocia es pequeña, la hembra puede pesar 35 kg y el macho 50 kg tienen una fibra de pelo más corta de unos 5 cm.

Cachemir. Fuente internet

Angora. Fuente internet

EL CRUCE IDEAL

Todas las razas mencionadas, tienen un gran potencial lechero y todas las hembras de esta raza tienen un gran desempeño productivo en su potencial genético.
Para obtener excelentes resultados debemos darle a este animal las condiciones que necesita para desarrollar su potencial genético.

¿Entonces cuál es el ejemplar que debo seleccionar ? Es aquel que se adapta a las condiciones ambientales y al que puedo brindar las mejores condiciones para desarrollar sus capacidades lecheras.
El desempeño productivo de los animales va a depender de las condiciones que se ofrezcan a este animal, aquí el fracaso de algunos productores que han traído animales de otro continente o de otro estado con condiciones ambientales diferentes.

¿Cuál sería según tu criterio la raza ideal para ti?

CAPITULO III

SISTEMAS DE PRODUCCIÓN PARA LA CRÍA CAPRINA

Sistemas:

Un sistema es un conjunto de elementos que se relacionan entre sí para obtener un resultado final. En el planeta habitan seres vivos y seres inanimados, estos están constituidos por las rocas y los minerales. Dentro de los seres vivos, tenemos los pertenecientes al reino animal donde estamos los seres humanos y el reino vegetal donde están las plantas.
Todos formamos parte del ecosistema. En algún momento hemos oído acerca de él y de la existencia de otros sistemas más pequeños dentro de este que se van relacionando unos con otros. Los factores externos e internos dentro de un sistema influyen positiva o negativamente en el resultado final. Veamos algunos conceptos:

Ecosistema: Es un espacio donde ocurre la interrelación de seres vivos entre sí y con su medio ambiente.

Población:

Es un grupo de seres vivos de una misma especie que ocupan un espacio en particular.

Fuente internet

Organismos productores:

En este grupo vamos a considerar a las plantas que son organismos autótrofos, es decir, son aquellos organismos que son capaces de fabricar su propio alimento.

Fuente internet

Las plantas utilizan la luz solar, el agua y los nutrientes del suelo para fabricar su propio alimento.

Organismos consumidores:

Son aquellos que se alimentan de los organismos productores.

Fuente internet

Organismos descomponedores

Son aquellos que aprovechan lo que muere y lo convierten en nutrientes para el suelo en este caso en abonos.

Lombriz roja californiana

SISTEMAS DE PRODUCCIÓN PARA LA CRÍA CAPRINA

Sistema de producción extensivo o de libre pastoreo

El sistema de producción a libre pastoreo o extensivo, incluye aquella ganadería caprina tradicional de la cual hemos hablado reiteradamente en este curso. Este sistema de producción comprende aquellos rebaños que están presentes en zonas con una vocación natural para la cría caprina donde se hace inviable la producción de otra especie animal, en Venezuela se ubica principalmente en los Estados Falcón, Lara y Zulia.

El sistema de producción extensivo o de libre pastoreo, tradicional, ha sido heredado de padres a hijos durante generaciones y es donde se basan las estadísticas de producción a nivel nacional en su mayoría. Últimamente se han incorporado muchos productores a otros sistemas de producción, semi intensivo e intensivo, pero básicamente la información que existe del censo y estadísticas a nivel nacional que pudieran encontrarse, se basan principalmente en esta ganadería tradicional.

En este sistema, los animales recorren largas distancias diariamente (las cabras pueden llegar a caminar 10 12 km diarios) en busca de su alimento, la genética que predomina es la criolla, junto a ejemplares de mestizaje con Alpino francés y Nubian. El objetivo de producción este sistema de producción es carne principalmente ya que como es un sistema de subsistencia es lo que más se produce, la leche pasa a un segundo lugar, puede que se utilice para la elaboración de algunos quesos para el autoconsumo, además, existe allí una fuente de ingresos secundaria que es el estiércol, el cual es vendido a productores de papa de las zonas andinas.

Esto forma parte de un comercio tradicional ya que este sistema de producción se ubica en zonas que tienen casi ninguna viabilidad para la agricultura, principalmente para el cultivo de hortalizas y frutales y donde la temperatura ambiental entorpece el desarrollo de otras ganaderías por la disposición de forrajes y la topografía del terreno.

**El estiércol es un producto que se comercializa de forma tradicional
a los agricultores andinos en Venezuela**

Los productores pueden realizar mejoras dentro de este sistema de producción, no obstante, es necesario que adquieran un compromiso con ellos mismos y busquen el conocimiento necesario para mejorar sus niveles de producción. La producción caprina tradicional ha sido.

Considerada una actividad marginal durante muchas décadas, ya sabemos que son razones culturales. Además, podemos mencionar que es una producción de subsistencia, aún en los actuales momentos y que no existen terceros contratados, es decir, las actividades son realizadas por el núcleo familiar. En cuanto a la genética, como ya se mencionó anteriormente, predomina el animal criollo y el pastoreo se lleva a cabo en potreros comunes, además, existe un número elevado de hembras por macho.

Lo anterior trae como consecuencia una degeneración genética por la mezcla de animales de la misma sangre (consanguinidad). Las prácticas de manejo sanitario, se realizan de manera puntual si se presenta alguna enfermedad y en ocasiones se desparasita a los animales.

El manejo reproductivo es regular, ya que no es posible hacer una selección eficiente por el hecho de que no es posible controlar las montas. En este sistema la reproducción se hace de forma natural y depende de las épocas del año. La alimentación depende de lo que ofrecen las pasturas naturales y de las lluvias. Si bien es cierto que algunos productores han comenzado a suplementar con algunas fuentes energéticas y suministran minerales ocasionalmente, aún existen muchas fallas nutricionales.

Una de las situaciones más preocupantes que se han presentado últimamente entre los productores de cabras a libre pastoreo, es el abigeato, entendiéndose este como el robo de animales. Los caprinos, por su pequeño tamaño y docilidad, son presa fácil del robo.

Algunas estrategias para mejorar el libre pastoreo

• Reducir la zona de pastoreo para evitar que caminen tanto en busca de su alimento. Implementar la reforestación de especies autóctonas.
• Construir los corrales en zonas donde se pueda evitar el aguachinamiento y posteriores problemas de la de las pezuñas.
• Construir comederos con materiales de la zona y que sean de fácil limpieza.
• Aportar el agua suficiente para que ellas luego de regresar del pastoreo tengan acceso a la misma.
• Realizar desparasitación al menos cada seis meses en zonas muy secas. Identificación utilizando tatuajes, por ejemplo.
• Corte y desinfección del ombligo a la hora del nacimiento.
• Desparasitar a los animales después del primer mes de edad ya que esta es la edad adecuada para empezar a desparasitar a las crías.
• Castrar a aquellos machos que no están destinados a la reproducción.

Igualmente controlar la población es decir el número de animales para que el pastoreo sea más eficiente.

SISTEMAS DE PRODUCCIÓN TECNIFICADOS SISTEMA DE PRODUCCIÓN SEMIINTENSIVO E INTENSIVO

El sistema de explotación semiintensivo

Es aquel intermedio entre el sistema de protección extensivo o tradicional y el sistema de explotación intensivo donde los animales están en confinamiento total. El sistema de explotación intensivo es aquel donde los animales permanecen encerrados las 24 horas del día.

Características

- Las instalaciones en un sistema tecnificado están ubicadas sobre áreas de buen drenaje.

- Los comederos están diseñados pensando en el fácil acceso del animal y además son de fácil limpieza.

- Los bebederos están ubicados en áreas soleadas del corral donde el sol accede para evitar la humedad excesiva y la posterior problemática de problemas podales o de pezuñas reblandecidas.

- Las construcciones e instalaciones están diseñadas considerando todas las pautas y las medidas necesarias recomendadas.

- El rebaño también se divide por grupos etarios, es decir, están divididos por grupos, crías, cabras en producción, cabras antes del parto, cabras paridas y padrotes.

- El plan sanitario que se lleva dentro de una unidad de producción tecnificada es estricto, planificado, todo se anota, hay medidas de bioseguridad.

- Los animales están identificados, es decir, se le puede tatuar como en el caso anterior del sistema de producción anterior, además, en este caso se les puede colocar aretes u otros tipos de identificación ya que no tienen el riesgo de perder estos dispositivos en el pastoreo.

- Se llevan los registros de todas las actividades se realizan.

- Se controla la monta, se seleccionan los reproductores, el manejo reproductivo es mucho más eficiente.

- Los días abiertos se acortan (los días abiertos son el periodo de tiempo que pasa desde que la cabra pare hasta que vuelve a salir en celo).

- En fincas tecnificadas donde se retira el cabrito rápidamente y es amamantado de forma artificial a base de tetero, la cabra sale en celo rápidamente.

- La desparasitación en este tipo de sistema se hace cada dos o tres meses. Las desparasitaciones en este tipo de sistema deben ser más frecuentes ya que los animales están más cerca, hay mayores riesgos de contacto físico y de que los parásitos se concentren en un área determinada.

- Es más fácil detectar a las hembras en celo porque están todas cerca e incluso se puede utilizar el método de sincronización de celos, bien sea utilizando un macho o utilizando hormonas.

- Se dispone de corrales de aparte o corrales de enfermería también llamados corrales de cuarentena.

- Se cuenta con sala de ordeño y depósito.

- Llevan un control interno de brucelosis y por lo tanto los niveles de producción se mantienen durante todo el año.

El sistema semiintensivo ofrece mejores condiciones de bienestar animal.

CAPÍTULO IV

INSTALACIONES PARA LA CRÍA CAPRINA

INTRODUCCIÓN

Las instalaciones para cualquier rubro animal deben cumplir dos premisas:

1.   Deben estar ubicadas en terrenos de fácil drenaje, esto conduce a una menor aparición de problemas podales por el reblandecimiento de las pezuñas.
2.   Deben cumplir una función dentro de la unidad de producción, para esto podemos empezar a construir aquello que es más necesario y así ir asegurando que la inversión que estamos haciendo es la adecuada.

En ocasiones, podemos tener en una unidad de producción instalaciones que están sobrando y en el peor de los casos se construyen cosas que no se van a utilizar, entonces, allí hay una gran pérdida. La inversión para construir instalaciones para la cría caprina es económica ya que los materiales a utilizar son de fácil adquisición en la zona.

Las cabras no necesitan que las estructuras sean tan fuertes ni tan costosas o que utilicemos materiales extremadamente resistentes porque las cabras son animales livianos. Esto no quiere decir que no importa la calidad de los materiales utilizados.

CERCAS

Es una valla que limita un espacio. La elección del tipo de cerca va a depender del tipo de explotación o del sistema de producción. Este espacio cercado puede ser la totalidad del predio de la finca o de la parcela que en este caso se conoce como cerca perimetral o sencillamente la cerca puede estar delimitando únicamente aquellos espacios donde los animales van a comer o donde está sembrado el pasto y el forraje para la alimentación de los animales, en este caso se conocen como cercas internas.

Funciones de una cerca:

1.   Delimitar un espacio para aislar a los animales de otras fincas.
2.   Separar los potreros.

3. Aislar animales enfermos o recién comprados en este caso estamos hablando de lo que nosotros conocemos como un corral de cuarentena.

4. Proteger cultivos como en el caso de las cercas de los conucos o de los bancos de proteína.

Recomendaciones para construir una cerca:

1. Diseñe los caminos por donde pasarán los animales Estos pueden tener un mínimo de 1 metro.

2. Realice un camino en todo el perímetro de la finca o parcela.

3. Informarse acerca de si existe la necesidad de solicitar algún permiso.

4. Elija el diseño y los materiales que va a utilizar, que sean de calidad y adaptados a sus posibilidades.

5. Asegúrese de que el terreno esté libre de obstáculos como piedras y raíces.

6. La profundidad de los agujeros para los postes debe ser adecuada para el tipo de suelo y el tipo de poste.

7. El ganadero debe asegurar los postes con concreto o relleno de suelo compacto para garantizar que estén firmemente anclados en su lugar.

8. Se debe mantener un espaciado uniforme entre los postes, que contribuirá a la resistencia y la durabilidad de la cerca.

9. Hay que asegurarse que el alambre esté bien tenso y sin arrugas, para así evitar que los animales puedan derribar la cerca con facilidad.

10. Para su establecimiento, las personas deben utilizar equipos de seguridad para evitar lesiones.

Fuente: contexto ganadero

Materiales que se pueden utilizar para construir una cerca

1. Madera. Es un material muy versátil y flexible, sin embargo, el cuidado y mantenimiento deben ser constantes ya que es sensible a las condiciones ambientales además de ser muy apetecida por los insectos.

2. Piedra, ladrillo o metal(alfajol). Son más duraderos. La inversión es mayor.

3. Cercas eléctricas. Son costosas, sin embargo, dan buenos resultados.

Fuente internet

La cerca puede llevar en el caso del caprino, de 6 a 8 pelos de alambre, de los cuales los dos o tres primeros contados a partir del suelo pueden estar separados con una distancia aproximada entre 7 a 8 cm o sea es más cerrado de abajo hacia arriba y va abriendo hacia arriba hasta tener aproximadamente 15 cm entre un pelo y otro. Esto permite que los animales pequeños no puedan atravesar la cerca por supuesto y escaparse. los dos primeros pelos de arriba deben ser de alambre dulce para evitar que las cabras salten y puedan perder las ubres o sufrir heridas graves.

Estantillos

Son quienes sostienen la cerca, pueden ser de madera o cemento. La cerca está sostenida por los estantillos, le dan soporte a la cerca y pueden estar ubicados a 2 m uno del otro.

Corrales

Definido de manera muy sencilla, un corral es un espacio que sirve para resguardar a los animales.

Los corrales deben estar ubicados en zonas de buen drenaje. También es necesario considerar la dirección del viento de manera que se lleve los malos olores en dirección contraria a la casa. Deben ubicarse cerca de los potreros para evitar que los animales caminen mucho. Los corrales deben tener un área techada.

Los corrales   se diseñan según los parámetros establecidos para cada especie :

1.   Adultos: 2 a 3 m2 según la raza de los animales.
2.   Padrote: 3 a 5 m2 según la raza de los animales.
3.   Crías: 1 m2
4.   Techo a dos aguas para garantizar la circulación del aire y contribuir a la correcta ventilación (capacidad de permitir que entre el aire entre y circule dentro del corral).
5.   El número de corrales depende de su unidad de producción. A medida que se vaya transformando los espacios sabrá cuáles son los corrales que necesita.

Tipos de corrales:

1.   Corral de cabras en producción (2 a 3 m2/animal).
2.   Corral para cabras secas (1,5 a 2 m2/animal).
3.   Corral de maternidad (3 a 4 m2/animal).
4.   Corral de los machos (3 a 6 m2/animal).

5.   Corral para las crías (0,5 a 1 m2/animal).

6.   Corral de enfermería o de cuarentena (2m2/animal).

7.   Corral preparto en algunas unidades de producción donde la hembra puede estar tranquila unos días antes del parto (1 a 2 m2/animal).

En una unidad de producción tecnificada podemos encontrar además, depósitos, oficinas y otras estructuras. Sin embargo, no debemos olvidar el pediluvio, el cual consiste en una estructura que puede ser una bandeja con cal que nos sirve para prevenir el ingreso de bacterias y virus traídos por agentes externos hacia nuestra unidad de producción.

Embudos

Conocidos también como mangas, tienen la función de hacer que nuestro trabajo a nivel de campo sea muchísimo más cómodo y eficiente. Nos permite aplicar tratamientos con tranquilidad sin estresar a los animales, recordemos que las cabras son muy susceptibles al aborto por manejo excesivo.

Para la construcción de un embudo, podemos utilizar las siguientes medidas:

Entre 6 a 8 metros de largo por 45 cm de ancho, por supuesto, depende también de los animales, de su raza y tamaño.

Comederos, bebederos y saladeros

Comedero

Es fundamental para disminuir e incluso desaparecer muchos problemas sanitarios, especialmente en lo que se refiere a la carga parasitaria. Los animales, tienden a introducir las patas en los comederos, a defecar y orinar dentro del mismo.

Los animales no comen alimentos ni agua sucia, entonces, el diseño del comedero debe permitir el acceso de la cabeza únicamente y así evitar que ensucien el alimento. Además, un comedero debe permitir su fácil limpieza para evitar la acumulación de residuos que fermenten provocando contaminación. Los comederos pueden ser fijos y móviles.

También es importante que usted tenga el diseño de sus instalaciones bien planificado. Es recomendable que el fondo del comedero sea redondeado de manera que no haya aristas donde se pueda esconder el alimento y fermentar. Cuando se construye un comedero de cemento, puede ser, por ejemplo, de dos hileras de bloque de 10 centímetros separadas entre una y otra 50 cm una pared de 50 cm.

Comedero para el heno

Es una malla que se coloca más o menos a la altura de la cabeza del animal situada a una altura en la que el animal solo tenga que subir un poco la cabeza para agarrar el pasto.

Bebederos

También existen diseños de bebederos de tubos de PVC que son colgantes. Por lo general el caprino habita zonas calientes y el suministro de agua por una parte es escaso siendo vital y la base fundamental de la producción de leche. También se pueden construir bebederos de cemento, aunque son un poco más costosos. El agua ideal debe ser abundante limpia y con temperatura fresca para cualquier tipo de animal, la temperatura ideal está entre 16 y 18 grados centígrados, los bebederos de niple son muy beneficiosos para mantener el agua fresca.

Fuente internet

Saladeros

Son estructuras donde se colocan las sales minerales. Pueden ser de cemento, de PVC, de caucho, de pipotes de 200 l cortados por la mitad, pueden utilizar canoas, en fin, lo que hay que tomar en cuenta es que para colocar las sales deben estar bajo techo para evitar que una lluvia repentina dañe la sal o si los minerales reciben incidencia directa del sol se desmejoran y ya no cumplen la función que buscamos.

Instalacion de bebedero artesanal

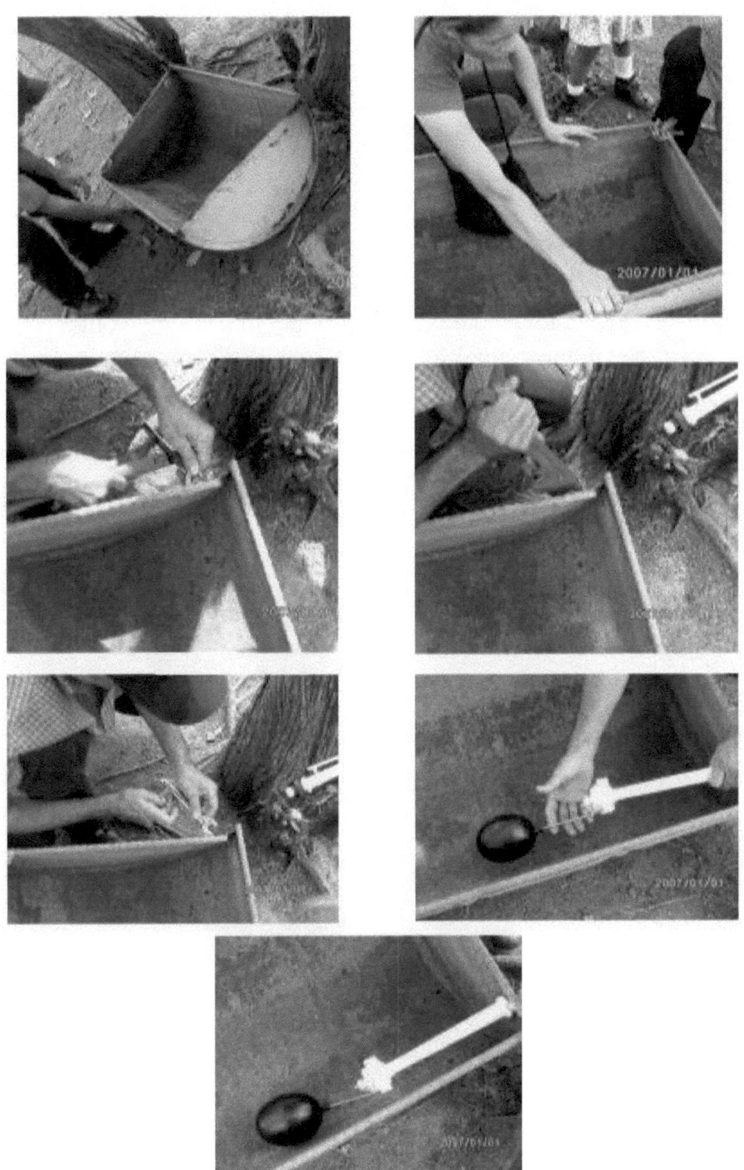

Sala de ordeño

A libre pastoreo debemos empezar a diseñar un espacio que nos sirva como sala de ordeño, si ya la tenemos revisemos si cumple con la función requerida. Una sala de ordeño bien hecha y limpia permite obtener una leche de mayor calidad. Esto conlleva a lograr mejores quesos y subproductos.

Evite ordeñar dentro del corral.

En una unidad de producción tecnificada la sala de ordeño debe estar cerca del corral de las hembras en producción. La sala de ordeño va a depender del número de animales que tengamos en producción. Debe contar con agua suficiente para las labores de limpieza diaria, por supuesto, a la hora de realizarlo, el ordeñador debe realizar el lavado de sus manos para evitar que se contamine la leche y las ubres, especialmente en aquellas cabras de alta producción que son muy sensibles a los microorganismos ambientales. En estos animales, las ubres son más grandes, así como el agujero del pezón, aumentando las posibilidades de que los microorganismos de nuestras manos penetren a la ubre.

Áreas de ordeño en dos unidades de producción del Municipio Torres Estado Lara Venezuela

CAPÍTULO V

MANEJO REPRODUCTIVO DEL CAPRINO

Introducción

En este capítulo definiremos conceptos relacionados con la reproducción. La reproducción, en su concepto más elemental, es un proceso mediante el cual se obtienen nuevas crías. Aquí radica la importancia ya que este suceso natural nos permite obtener animales de reemplazo. La actividad reproductiva, está íntimamente ligada a las buenas prácticas de manejo, sin olvidar la buena alimentación. Estos factores permiten la expresión del potencial genético.
El productor caprino organizado, debe conocer los aspectos fundamentales de la reproducción en las cabras para poder ejecutar de una manera eficiente las actividades que conllevan a la expresión de una excelente eficiencia reproductiva y poder mantener y aumentar los niveles de producción de leche, así como también, obtener una leche de excelente calidad sanitaria.

Reproducción:

Es un proceso natural que tiene como objetivo principal la perpetuación de la especie. Desde el punto de vista de la producción de leche, la reproducción es un proceso natural que nos garantiza la producción de leche, así como la obtención de crías de reemplazo.

Eficiencia reproductiva.

Se define como la capacidad de obtener un cabrito por cabra. Una unidad de producción donde la reproducción sea eficiente tendrá hembras capaces de preñarse, gestar, parir y destetar. Para que la reproducción sea eficiente, cerca del 100% de las cabras, deben ser capaces de parir en el año. Un buen índice de eficiencia en reproductivas esta alrededor del 85%, es decir, de 100 cabras, 85 cabras como mínimo deberían parir en el año.

Cabras paridas 25 (CP)
Cabras reproductoras 30 (CR)
Er = 25 CP / 30 CR = 0,83333 x 100% = 83,3 % Er = 83,3%
Esto es un valor de eficiencia reproductiva general del rebaño.

El exito de un programa reproductivo radica en un plan sanitario que disminuya al minimo la aparicion de enfermedades en hembras y machos reproductores que causen esterilidad, abortos u otro evento negativo alrededor de la monta, gestacion y parto. Así mismo un manejo alimenticio que garantice una condición corporal adecuada de los reproductores.

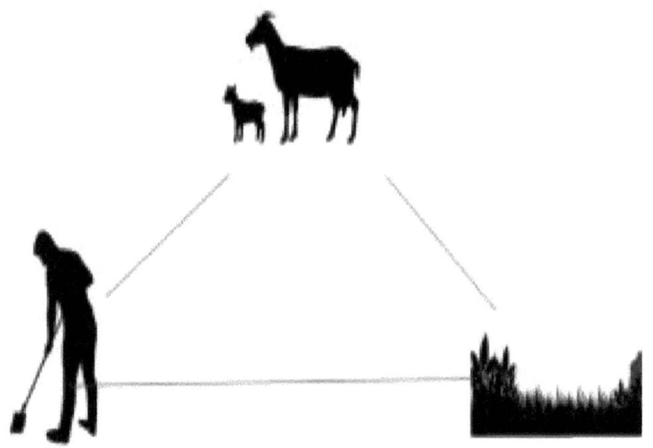

Una alimentación equilibrada y un estricto plan sanitario garantizan Un buen resultado en los parametros reproductivos

Anatomía y fisiología del macho

La anatomía reproductiva, se refiere a aquellas partes del cuerpo que se relacionan con el proceso reproductivo.

Fisiología

Es el estudio de la función normal de esos órganos. En este capítulo vamos a mencionar las partes del cuerpo que están relacionadas con el proceso reproductivo. Cuando utilizo el término fisiología, me refiero a la ciencia que estudia la función normal de estos órganos.

Características del macho reproductor:

Vamos a comenzar definiendo las características del macho ideal. Un macho ideal es aquel que tiene todas las características fenotípicas que definen a un buen reproductor. El macho es fundamental para producir leche, ya que es quien transmite el gen que otorga la capacidad lechera. Lo ideal es adquirir padrotes que ya estén probados. Sin embargo, si en este momento no dispone de los recursos para adquirir un macho probado, puede basar su elección en las siguientes características que le ayudarán a seleccionar a un buen padrote:

1.   El macho, debe tener apariencia masculina.
2.   Sin defectos en los dientes.
3.   Sin defectos en la piel (parásitos, inflamaciones, erupciones, heridas).
4.   De buena contextura, de pecho ancho y profundo, de patas fuertes, esto último favorece el acto de la monta.
5.   Debe tener una buena libido.
6.   Debemos hacer una valoración de sus órganos sexuales, debemos observar su escroto (bolsa que contiene los testículos).
7.   Los dos testículos deben tener una buena circunferencia escrotal, es decir, hay unos parámetros de circunferencia escrotal que manejan un promedio entre 24 y 27 cm de diámetro.
8.   No debe presentar aumentos de volumen en los testículos, así como dureza, inflamación, dolor al tacto, en fin ninguna anormalidad.
9.   El prepucio y el pene deben estar en buenas condiciones, sobre todo hay que estar atentos a la presencia de secreciones.

El macho reproductor debe poseer características masculinas y una buena libido

El macho cabrío debe tener una apariencia fuerte, dominante, patas fuertes, estar alerta, sin desviaciones en la columna, con buenos aplomos ya que estos le otorgan el apoyo correcto para que pueda cubrir a la hembra con efectividad.

Tracto genital del macho cabrío:

Testículos

Está constituido en primer lugar por los testículos que son las glándulas sexuales masculinas encargadas de la fabricación de los espermatozoides. Están ubicados en la región inguinal, alojados en una bolsa de piel llamada escroto.

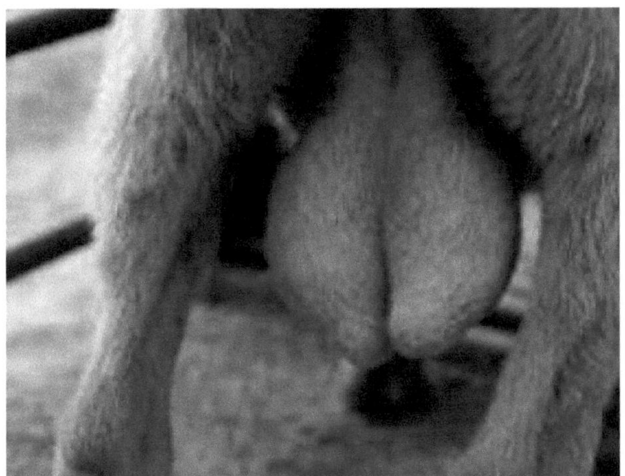

A la hora de elegir un padrote es importante considerar la conformación testicular

Escroto

Es una bolsa de piel de consistencia suave que no debe presentar adherencias, es decir, no debe estar pegada, no debe tener ningún tipo de lesión.
Los testículos son de forma ovalada, en los animales nuestros se estima entre 24 a 27 cm. En los caprinos el peso de los testículos es de aproximadamente 150 a 180 g, esto va a depender por supuesto, del tamaño y la raza del animal.

Funciones de los testículos.

Los testículos son llamados también gónadas sexuales y tienen la función de producir los espermatozoides o células sexuales que son las responsables de penetrar en el óvulo para producir un nuevo individuo.
Producen hormonas masculinas, entre la cual la más importante es la conocida con el nombre de testosterona, que es la hormona responsable de la manifestación de los caracteres masculinos, es decir, influye en la conducta de este animal y en el desarrollo del cuerpo y de los órganos sexuales.

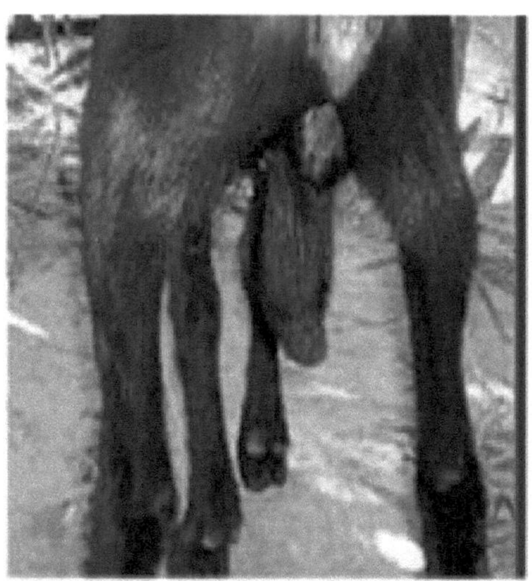

La criptorquidia es una condición en la cual uno o ambos testículos se quedan en la cavidad abdominal. Estos animales deben ser eliminados como reproductores.

Epidídimo

Es un conducto enrollado que puede ser palpado con la mano, su función es producir sustancias para la maduración de los espermatozoides. El testículo es la fábrica de los espermatozoides, y como toda fábrica necesita materia prima y algunas sustancias para que estos espermatozoides se puedan movilizar y alcancen la maduración necesaria, crezcan y sean unos espermatozoides aptos para poder realizar el proceso de fecundación. Entonces acá en el epidídimo, es donde se producen estas sustancias que a la larga son nutrientes. Acá se producen líquidos cargados de proteínas que van a nutrir a los espermatozoides.

Glándulas anexas

Son las encargadas de producir esas sustancias que van a nutrir al espermatozoide y le van a ayudar a movilizarse dentro de todos estos conductos que hemos estudiado. Estas glándulas anexas se conocen con el nombre de Glándulas Seminales. El líquido producido en ellas ayuda a transportar los espermatozoides.

La próstata

Es una glándula que se ubica cerca del cuello de la vejiga y se encarga de producir líquidos que ayudan al movimiento de los espermatozoides.

Glándulas de Cooper

Se encargan de segregar un líquido que lubrica el canal de la uretra.

El pene

Es el órgano de la copulación, el que realiza el coito para la reproducción.

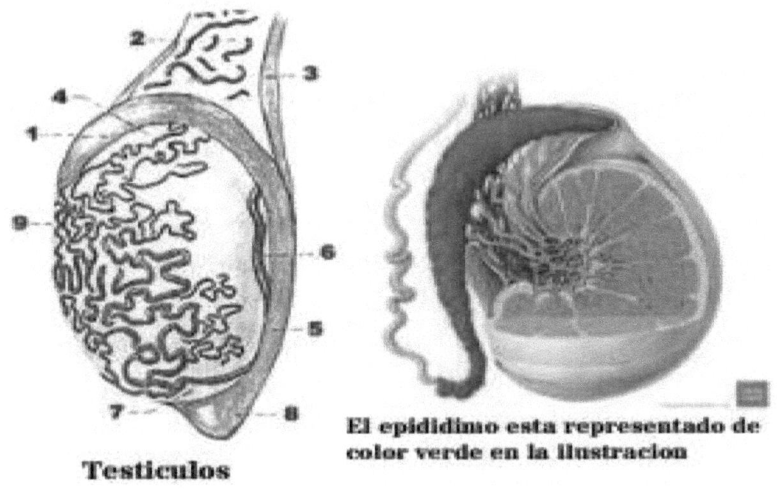

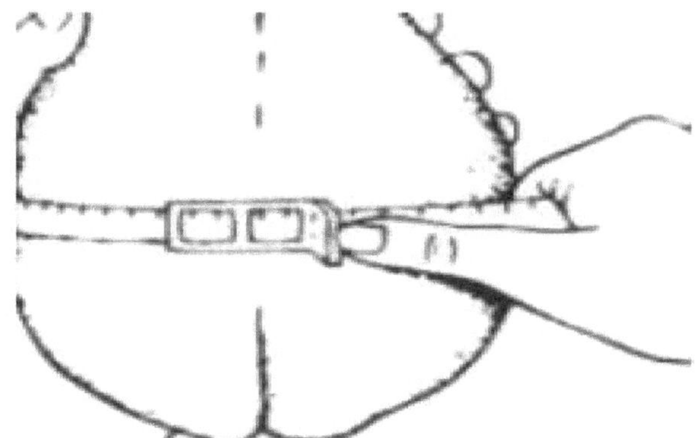

El prepucio

Es una envoltura de piel donde está arropada la porción libre del pene. Hay una parte del pene que está en la cavidad abdominal y otra que está libre.

Debemos comprender que la función reproductiva depende de aspectos físicos y funcionales. Es una función que tiene mucho que ver con las hormonas. Ante algún problema reproductivo es necesario buscar asesoría profesional con el médico veterinario de confianza. La mayoría de las veces, el remedio es peor que la enfermedad cuando no se consulta.

Anatomía y Fisiología reproductiva de la hembra

Existen dos estructuras o dos órganos, que son los básicos o fundamentales en la reproducción, que son:
1.	Los ovarios. Estos dos órganos producen las células sexuales de la hembra conocidas como óvulos, que al unirse con los espermatozoides forman al nuevo individuo. Si los ovarios funcionan bien, entonces tenemos garantizada la aparición de celo en la hembra, el mantenimiento de la preñez y el parto. Estos ovarios están influidos por hormonas. Estas hormonas se producen en una glándula situada en el cerebro conocida con el nombre de Hipófisis.

Continuando con la anatomía genital de la cabra, vamos a hablar de unas estructuras internas que suceden al ovario que se conocen con el nombre de Trompas de Falopio.

2.		Las trompas de Falopio: no son más que dos órganos tubulares muy pequeños, cuya función es transportar a los óvulos desde el ovario hasta el cuerno del útero. Esta es su única función, transportar al óvulo.

Útero

Conocido como matriz, es un órgano muscular hueco que está constituido de 3 partes, un cuerpo pequeño que mide 2 a 3 cm y dos cuernos, cada uno mide de 10 a 12 cm y un cuello que puede medir entre 4 y 10 cm. Los cabritos se alojan a nivel de los cuernos. Allí es donde se gesta el cabrito.

Vagina

Es un órgano muscular tubular hueco, que recibe al pene en la cúpula y que sirve como canal de parto. El órgano externo es la vulva, la parte visible del tracto genital. Está formada por dos labios, uno derecho y uno izquierdo y allí es donde vamos a observar los signos evidentes del celo o el calor.

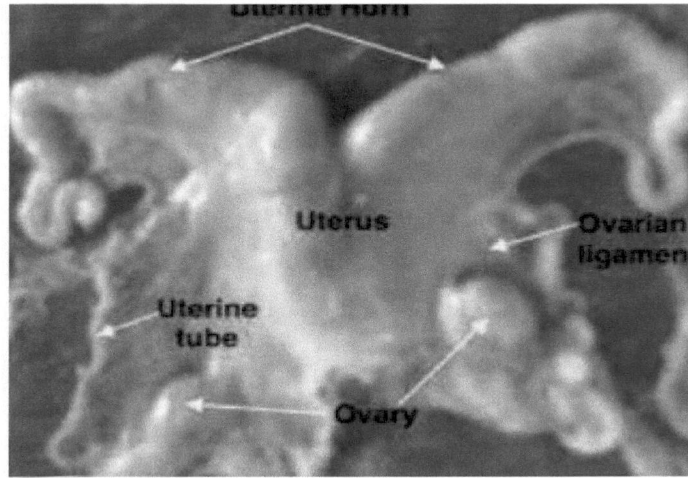

Útero de la cabra. Los cabritos se alojan en los cuernos

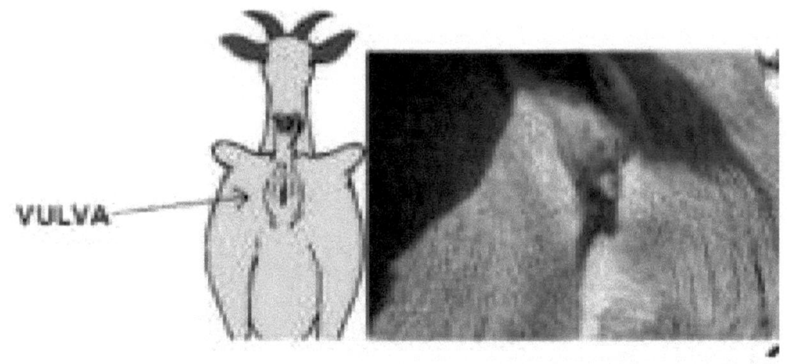

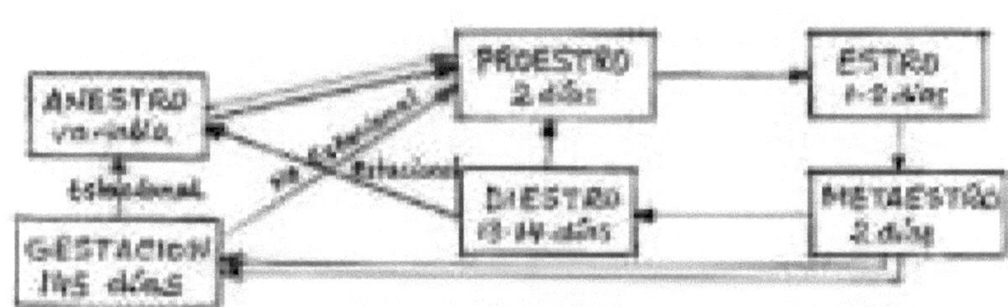

FASES DEL CICLO DE LA CABRA

Comportamiento reproductivo de las cabras

Las cabras son reproductoras estacionales porque su actividad reproductiva se ve influenciada por el fotoperiodo.

¿Qué significa que las cabras sean reproductores estacionales?

Pues bien, esto tiene que ver con el número de horas luz que tenga un día. Algunas razas de cabras como la Alpina y la Saanen por ejemplo, son originarias de zonas templadas y frías donde se observan las estaciones del año, es decir, invierno, primavera, verano y otoño. En Venezuela y otros países tropicales, no tenemos esas estaciones, solamente periodos de lluvias y de sequía muy bien definidos.
El trópico se caracteriza porque hay muy poca variación en las horas de luz, es decir, los días tienen la misma cantidad de luz solar. En cambio, en esos países templados suelen transcurrir durante varios días, periodos donde no vemos ni siquiera un rayo de sol. Y esto afecta a estos animales porque la luz que penetra a través de los ojos llega hasta una glándula ubicada en el tejido cerebral llamada hipófisis.
Esta hipófisis se activa a través de la luz solar que entra por los ojos. Debido a esto, las cabras en el trópico mantienen actividad reproductiva durante todo el año. Esto es muy importante saberlo. Aunque las cabras están catalogadas a nivel mundial como reproductoras estacionales, en los países tropicales pueden mantener su actividad reproductiva durante todo el año, lo cual significa una gran ventaja para la producción en el trópico.

Los caprinos representan una gran oportunidad de desarrollar una actividad económica de importancia gracias a todas estas ventajas que tiene en esta en este ambiente tropical.

Características reproductivas de las cabras

✓ Las cabras alcanzan la pubertad en nuestro medio tropical entre 8 y 10 meses, siendo la edad ideal, 12 meses a la monta.

✓ El primer parto generalmente ocurre entre 12 y 18 meses.

✓ Son muy fértiles, tienen un 94% de fertilidad. Las cabras criollas tienen un porcentaje de fertilidad superior al de las cabras de razas puras.

✓ Son muy prolíficas, es decir, son capaces de parir más de una cría por parto. La prolificidad en una cabra va de 1.4 a 1.6 crías por parto, es decir, presentan aproximadamente 48% de partos múltiples.

✓ El intervalo entre partos es el número de días que transcurren entre un parto y otro está entre 7 y 9 meses.

✓ Las cabras criollas en condiciones extensivas de libre pastoreo pueden alcanzar la pubertad entre 10 y 14 meses con un peso aproximado entre 22 y 26 kg. El peso ideal para una cabra ir a la monta es de 27 kg.

✓ Las cabras lecheras de origen europeo en su ambiente natural alcanzan la pubertad entre los 12 y 16 meses.

✓ La duración de la preñez es de 148 más o menos 4 días.

✓ La duración de un parto normal es de aproximadamente 4:30 h, cuando son primerizas pueden tardar un poco más, pueden tardar hasta 5 horas y cuando son multíparas, es decir, cabras de más de un parto puede tardar hasta 3 horas para parir.

Características de una hembra ideal :

❖ Debe tener una cabeza fina, con una expresión tranquila y de apariencia femenina, un animal de ojos brillantes.

❖ Como buen animal lechero tiene que tener un cuello fino y largo. Debe tener buenos aplomos.

❖ Un abdomen de gran capacidad, lo que le da pues una visión de que el animal come bien, se alimenta y puede hacer una buena transformación de los pastos y forrajes en leche.

❖ La ubre debe ser globosa, suave, sin enrojecimientos, ni defectos. Con sus dos pezones entre 5 o 6 cm de largo, lo que indica facilidad de ordeño.

❖ Los pezones deben estar ubicados por encima del corvejón si vamos a tener a nuestras cabras en condiciones de pastoreo.

❖ La ubre debe estar bien conformada e insertada y los pezones deben estar dirigidos hacia adelante, hacia arriba y hacia afuera.

❖ Pelvis ancha, esto otorga la característica de que puede mantener los cabritos.

❖ Patas traseras bien rectas.

❖ Sin defectos de piel ni aumentos de volumen.

❖ Poseer las características de la raza que deseamos explotar en la unidad de producción.

Causas de baja productividad en cabras.

• **Manejo deficiente**: manejo son todas aquellas actividades inherentes a la producción, sobre todo desde el punto de vista sanitario. La base del manejo sanitario son las prácticas básicas de higiene y desinfección entre otras. Si un animal está viviendo en un corral insalubre, donde hay fuertes olores a amoníaco, es un animal que no va a tener salud y por más medicamentos que usted inyecte no va a lograr que el animal de sus frutos porque es un animal que vive estresado.

• **Manejo alimenticio**, tenemos que conocer la alimentación de las cabras, qué tipo de alimentos debemos darle y en qué proporción, dependiendo del estado fisiológico en el que se encuentren, si está preñada, vacía o si es cabritona o cabra seca.

• **Servicios a temprana edad,** estamos hablando de aquellos animalitos que se preñan apenas alcanzan la pubertad. Si la cabra se preña justamente cuando alcanza la pubertad, hacia los 8 o 9 meses, probablemente va a tener problemas de partos distócicos (difíciles) y seguramente ocurrirá una alta tasa de abortos. Vamos a obtener crías por debajo del peso normal del nacimiento y, por supuesto, la mortalidad de los cabritos va a ser muy elevada.

Ciclo estral.

El ciclo estral es el periodo comprendido entre la aparición de un celo y otro. La duración del celo puede esta entre 12 y 36 horas. Las cabras criollas en condiciones de libre pastoreo pueden mostrar celos hasta de 51 horas. La monta o el acto del de la cópula puede durar entre 37 a 151 segundos.

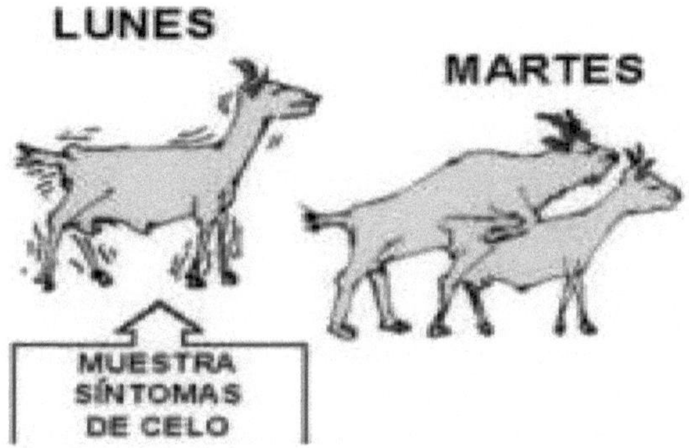

Signos del celo

1.   Las cabras se muestran inquietas.
2.   Mueven la cola Disminuye.
3.   El apetito disminuye la producción de leche.
4.   Se puede observar la salida de una secreción transparente a través de la vulva.
5.   Finalmente, se queda quieta ante la presencia del macho.

Intervalo entre partos

Cuando se trata de intervalo entre partos, nos referimos al número de días que transcurren entre un parto y otro. En las cabras criollas de libre pastoreo pueden darse en periodos hasta de 9 meses entre un parto y otro en los sistemas tecnificados a casi 7 meses aproximadamente.

Cuando aparecen las lluvias, las cabras de libre pastoreo aumentan el número de empadronamiento. Mientras más tecnificado más cerrado es el intervalo entre partos. La raza. Mientras más puro es un animal lechero, y más tecnificada es la unidad de producción, los días entre un parto y otro son menores.

La alimentación.

Si el animal tiene un buen plan de alimentación, los días entre un parto y otro también son menores. Todo contribuye a la obtención de una mejor eficiencia reproductiva.

Recomendaciones
1. Si usted puede controlar el momento de llevar a la hembra al servicio, procure que esta tenga como mínimo 27 kg y que haya alcanzado la pubertad, o sea, que tenga entre 8 y 10 meses. Lo ideal es 1 año de edad, sin embargo, si esto no es posible, asegúrese de que tenga más de 8 meses de edad.
2. Procure que la hembra tenga una condición corporal entre 3 y 4 donde no está muy flaca, ni obesa ya que ambas condiciones afectan la fecundación y el parto
.
3. Cuando lleve a la hembra a la monta, aplique una desparasitación de un mes a 15 días como mínimo (con refuerzo a los 15 días) antes de la monta y por supuesto la aplicación de vitamina AD3E.
4. Igualmente, el macho debe ser tratado con desparasitación y vitamina un mes antes del servicio en un sistema de estabulación, sin embargo, si usted tiene una cría a libre pastoreo, puede estar constantemente pendiente de aquellas hembras que ya están alcanzando la pubertad, y mantenerlas desparasitadas e igualmente establecer un plan de desparasitación y vitamina para el macho.

Efecto macho

Es una forma natural de sincronización de celo que consiste en separar a las hembras de los machos durante 21 días. Esta separación debe ser total. Luego de estos 21 días, el macho es llevado a las hembras. La aparición de celo debe ocurrir entre 3 a 7 días luego de la exposición.

CAPÍTULO VI

MANEJO SANITARIO DEL CAPRINO

Manejo sanitario.

Es la aplicación de un programa con actividades dirigidas a la salud del rebaño. El objetivo del plan sanitario es mantener, recuperar y prevenir la salud general del rebaño.

El punto más importante de un plan sanitario es la prevención porque en cualquier sistema de explotación, bien sea un sistema extensivo o en un sistema tecnificado, los costos por medicinas son bastante elevados. Es por esto que debemos asumir una serie de medidas que tiene que ser el pan de cada día de la unidad producción para disminuir la incidencia de las enfermedades y obtener ingresos rentables.

Entonces básicamente los planes sanitarios se deben llevar la unidad de producción más que para curar, para prevenir y por supuesto, para mantener la salud.

División del rebaño

Por cuestiones prácticas se hace muy conveniente dividir al rebaño en categorías, de acuerdo a la producción. Esta división de rebaño hace que la aplicación de las medidas sanitarias sea más eficiente. La creación de un plan sanitario permite actuar prontamente ante cualquier eventualidad.

División del rebaño

El rebaño se divide en lotes para poder realizar las labores sanitarias de una manera más efectiva.

1.   **Recién nacidos** : llamados también neonatos. En los caprinos, los recién nacidos son los cabritos. Son los animales desde el nacimiento hasta el destete que ocurre a los dos meses de edad.
2.   **Cabritonas y cabritonas:** son aquellas desde el destete hasta alcanzar la pubertad.
3.   **Cabras de primer parto:** son aquellas cabritonas que van a la monta por primera vez y quedan preñadas.
4.   **Cabras adultas**: aquellas que ya han parido. Se agrupan también como cabras en producción.Las cabras adultas se dividen a su vez en cabras preñadas y cabras secas.
5.   **Padrote**: llamado también macho cabrío. Aquel macho entero utilizado para la reproducción.

La relación Macho/ Hembras en cabras es de 1 macho por cada 20 a 25 hembras.

Manejo sanitario del recién nacido.

1.   **Consumo de calostro.**

Asegurarse, una vez que ocurre normalmente el nacimiento, que el cabrito consuma el calostro durante las primeras 6 horas posteriores al nacimiento ya que es en este periodo cuando el intestino es permeable a las inmunoglobulinas presentes en el calostro.

El calostro es la primera leche que produce la hembra una vez que pare, tiene una consistencia diferente a la leche. Es un líquido espeso, gelatinoso, tiene un color crema y un sabor dulzón. Viene a ser como la primera vacuna que recibe el cabrito, si usted le niega el calostro al cabrito le está negando la primera vacuna. El calostro lleva todas las células de las defensas contra las enfermedades que desarrolló la madre. Los cabritos pueden tomar entre 60 a 120 ml de calostro, esto va a depender del tamaño del cabrito.

2. Desinfección del ombligo.

Cuando este cabrito nace, puede ser que el ombligo quede muy largo. Si el si el ombligo queda muy largo, pueden cortarlo calculando que queden aproximadamente 3 a 5 cm. Esta es una práctica que falla muchísimo en los corrales, el ombligo es el canal que comunica al cabrito con su madre cuando está en el vientre materno. Una vez que el cabrito nace eso queda abierto en contacto con el medio externo y por allí se puede introducir cualquier cantidad de microbios y más si en el sitio donde nació el cabrito hay mucha contaminación, entonces cómo es una puerta de entrada para muchas infecciones, de la cual la más común la rodillera.
La cura del ombligo debe realizarse de manera profunda, ustedes deben colocar al cabrito boca arriba, de manera que el producto con el cual están curando el ombligo penetre. Pueden utilizar yodo al 7%, alcohol yodado o Alcibar de sábila. La cura se realiza 1 vez al día por 4 días y si usamos sábila debemos hacerla 2 o 3 veces al día por 5 días.

3. Pesaje del cabrito.

Hay que tomarle el peso al nacer y lo identificamos.

4. Alimentación artificial:
• Cada tetero debe tener entre 500 a 600 ml. Los cabritos toman aproximadamente entre medio litro y 600 ml 3 veces al día. Es decir, en total pueden tomar 1,5L y 1,8 l. Todo dependiendo de la raza, del tamaño del cabrito y sus características particulares, sin embargo, pueden utilizar este número como referencia.
• La leche debe estar tibia, ya que, si está fría porque les provocará problemas digestivos.

- Los teteros y utensilios para esta labor deben estar muy limpios.
- La cabritera debe ser un lugar limpio y seco.
- Evitar corrientes de aire ya que esto puede ocasionar problemas respiratorios.

5. Descorne:

Esta labor de descorne se puede realizar de 2 maneras, en primer lugar utilizando pasta descornadora, esta se aplica en la zona donde van a salir los cuernos. Hay que tener mucho cuidado de no ocasionar quemaduras en la piel. Para esto debemos rodear el botón del cuerno con vaselina.
Asegúrese de cortar el pelo alrededor del botón del cuerno. Otra forma de realizar el descorné es utilizando hierro caliente con la finalidad de detener el crecimiento del botón corneal. Para esto debemos colocar el hierro caliente con mucha seguridad y mantenerlo en el lugar por unos 10 segundos. Al realizar esta labor debemos tomar precaución para no hacernos daño o herir a la persona que nos está sirviendo como ayudante.
El cabrito debe ser sostenido con firmeza. Lo mejor es realizar estas labores antes de los tres meses de edad ya que cuando los animales están grandes, descornar es complicado y puede poner en riesgo la vida del animal.

6. Destete:

El destete no es otra cosa que la finalización de la lactancia, el cabrito deja de ser una cría y pasa a ser un animal en desarrollo. Esto es un suceso muy estresante, sobre todo si estamos destetando cabritos que están con la madre porque si están a tetero disminuye el estrés, en cabritos el peso al destete está entre 7 y 12 kg. Esto depende del sistema de producción que estemos utilizando, así como también de la raza. Evite destetar cabritos que estén decaídos tristes o diarreicos.

Existen 3 tipos de destete:

Destete brusco: Hablamos de destete brusco cuando los cabritos son retirados de la madre, una vez que han consumido el calostro 2 o 3 días luego del nacimiento. Y de ahí en adelante se alimentan con tetero.

Destete intermedio: es aquel donde se retira al cabrito de su madre de manera intermitente, un día por medio hasta que se hace definitivamente. Ya casi no se usa.

Destete tardío: El destete tardío es el que se utiliza en libre pastoreo, de 2 a 3 meses. Una vez destetadas, las crías pasan a la etapa del desarrollo, hasta que alcanzan mínimo 27 kg para ir a la monta.
Asimismo, luego del destete es necesario aplicar desparasitación con refuerzo a los 15 días y aplicación de vitaminas AD3E. Además, no podemos olvidar la limpieza y desinfección de las instalaciones.

El manejo sanitario, se trata de medicina preventiva, la limpieza y la desinfección de los corrales es la labor que controla de una manera efectiva la carga parasitaria. Los parásitos están constantemente en el medio ambiente, entonces nada hacemos con desparasitar, colocar vitaminas si en el piso del corral hay un acumulo de estiércol.
El agua de los bebederos, debe estar fresca, con una temperatura promedio de 16 grados centígrados y muy limpia, para ejercer control sobre los parásitos. Podemos utilizar azul de metileno (10 g por cada 1000 l de agua).

7. Encalado:

Otra de las labores importantes desde el punto de vista sanitario, es el encalado de los corrales. Este consiste en la aplicación de cal a manera de rayado, dejando 1 m entre línea y línea.

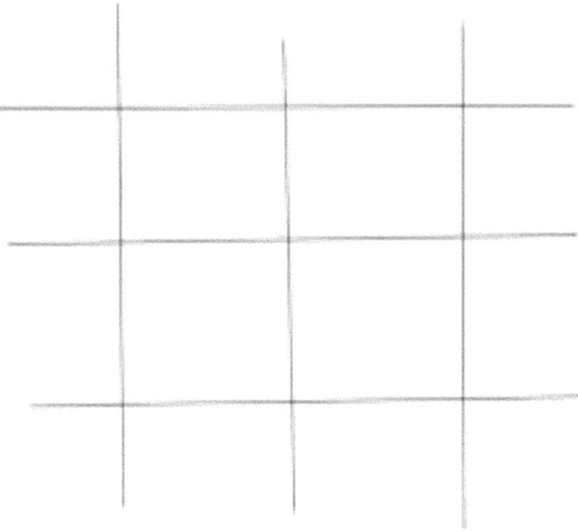

La figura anterior representa la forma como debe distribuirse la cal en el corral, se dibujan líneas horizontales y verticales con una distancia de 1 m entre una y otra. Al final, las cabras esparcen la cal con sus patas. Esto evita la aplicación al voleo, la cual ocasiona la aparición de cuadros respiratorios tanto en las cabras como en las personas que la aplican.

Manejo sanitario de las cabras de primer parto.

Este es un lote muy importante porque es muy susceptible. En esta etapa de cabritona al primer parto, es muy importante aportar una buena alimentación. Unas cabritonas que van a la monta o están preñadas, deben estar bien alimentadas para evitar los abortos, retenciones de placenta que tantas pérdidas causan al rebaño y evitar que ocurran problemas durante el parto (partos Distócicos), es decir, partos difíciles.
Los animales en esta etapa son muy susceptibles y debemos prestar mucha atención a esta cabritona si queremos lograr unas crías sanas y fuertes. Debemos prepararla para que tenga una buena producción láctea. Una de las cosas que debemos practicar para que estos animales tengan un buen parto, es proporcionarles minerales. Los minerales deben ser suministrados a voluntad, ellas van tomando lo que necesitan.

Manejo Sanitario de cabras adultas

• Las cabras se pueden desparasitar unos 15 o 20 días antes de la monta y 1 mes antes de parir.

• En épocas de lluvia se desparasita cuando entran y cuando salen las lluvias, porque en los periodos de lluvia se multiplican los parásitos.

• No debemos olvidar que la aplicación de medidas preventivas, nos ayudan a mantener a raya la carga parasitaria.

• Es importantísimo que el barrido de los corrales se realice al menos 3 veces por semana y encalar una sola vez por semana.

Manejo Sanitario de Cabras en Producción

Es importante realizar el lavado y desinfección de los pezones a la hora del ordeño.

La leche:

Es un producto altamente perecedero, fácilmente contaminable, ya que absorbe los olores con mucha facilidad. Esta práctica de lavado de pezones nos ayuda a prevenir las mastitis. Con relación a la mastitis, existe un chequeo llamado Fondo negro que permite detectar mastitis agudas.

La mastitis

Es una enfermedad que consiste en la inflamación de la glándula mamaria provocada por uno o varios microorganismos contaminantes, sin embargo, lo que hace que los microorganismos se establezcan allí, es algún trauma o lesión local.

Otro de los factores predisponentes a la mastitis, es la técnica de ordeño, de esta hablaremos en el capítulo número VIII.

Realizar este chequeo de fondo negro es muy sencillo, se utiliza un recipiente negro o en su defecto una tela negra sobre un recipiente. Descartamos los primeros chorros de leche sobre el recipiente para observar la presencia de grumos, mucosidades, sangre o alguna característica extraña. Esto debe hacerse a diario, especialmente a las cabras de mayor producción.

Muchas veces la mastitis pasa desapercibida, y cuando lo notamos hemos perdido la ubre. A la hora del ordeño, diariamente debemos estar pendientes de la condición de la glándula mamaria, tocar, masajear en busca de dolor al tacto, durezas, abscesos u otra anormalidad que nos pueda hacer sospechar o notar que está ocurriendo un cuadro de mastitis.

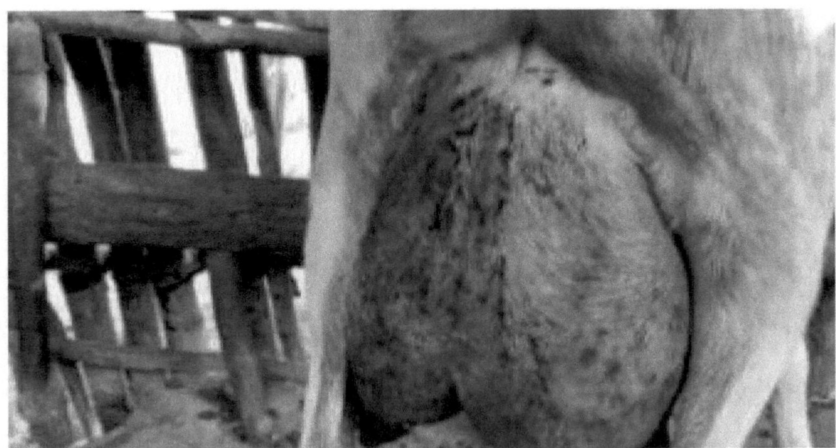

Cabra con mastitis aguda

Manejo sanitario de la cabra al momento del parto.

Cuando faltan pocos días para que ocurra el parto, es recomendable recortar el pelo alrededor de la vulva. Horas antes del parto, previamente, se puede hacer una limpieza y lavado de la vulva con agua limpia y una solución desinfectante como yodo, por ejemplo. El parto es un acontecimiento normal que debe darse de forma natural. No debería complicarse, no es necesario intervenir en ese momento, sin embargo, el productor debe estar preparado con unos guantes de látex en caso de que necesite intervenir, procuren no tocar las secreciones, los líquidos que salen durante el parto, sobre todo, durante los abortos. Hay muchísimas enfermedades zoonóticas, que son aquellas que se transmiten de los animales hacia el hombre y viceversa.

Entre estas tenemos la Brucelosis, si tocamos esos líquidos, nos vamos a contagiar, entonces mejor estar preparados, tener en nuestro botiquín con guante de látex, por si debemos intervenir para evitar cualquier contagio.
Una vez finalizado el parto, podemos limpiar la vulva de esas secreciones que pueden llamar la atención de las moscas. Procedemos a aplicar 2 ml de vitamina AD3E de manera intramuscular, solo si el parto transcurrió de manera normal.

No es necesario aplicar medicamentos, sobre todo si el corral de maternidad ha sido previamente desinfectado.

Si se presenta alguna eventualidad busque asesoría de su veterinario de confianza. Si la cabra ha recibido una buena suplementación de minerales, seguramente no va a tener problemas de retención placentaria. Cualquier inconveniente que se le presente al momento del parto que no pueda ser resuelto por Ud, debe buscar la asesoría de un veterinario.

El parto es un proceso natural donde no debemos intervenir a menos que sea absolutamente necesario. Lo más importante es la limpieza del espacio donde ocurre el mismo

Retención de placenta

Estamos frente a una retención placentaria cuando han pasado más de 24 horas y el animal no ha expulsado la placenta, esta debe ser liberada en un período entre 3 a 8 horas luego del nacimiento, sin embargo, si observamos trozos de placenta colgando en la vulva 24 horas después de haber ocurrido el parto, y además notamos mal olor, entonces tenemos un problema que debe ser resuelto rápidamente.

Generalmente las vacas son un poco más fuertes para soportar este tipo de inconvenientes, sin embargo, las cabras tienden a desarrollar infección por retención de placenta mucho más rápido que una vaca. Entonces tenemos que estar pendiente porque una cabra que ha padecido de retención placentaria probablemente va a presentar una metritis.

En este caso se hace necesario la administración de antibióticos y antiinflamatorios. La metritis, es una inflamación del útero y muchas veces se puede acompañar de una mastitis y abortos en próximas pariciones. Ante esta situación hay que actuar de forma rápida ya que esto compromete la vida del animal.

Manejo sanitario del padrote

El padrote es fundamental en una explotación lechera, porque es el macho quien hereda la capacidad lechera a sus hijas, entonces él tiene un trabajo muy importante. Un padrote a libre pastoreo debe ser desparasitado cada 3, 4 o 6 meses, dependiendo de la zona donde esté la unidad de producción. En zonas muy secas, se puede desparasitar cada 6 meses, en zonas un poco más húmedas y con mayor presencia de lluvia durante el año se puede desparasitar cada 3 o 4 meses.

De igual forma se coloca vitamina AD3E 8 días luego de la primera dosis de desparasitación y refuerzo desparasitante a los 15 días. El padrote puede recibir una administración bimensual de vitamina A D3 E y vitaminas del complejo B para mantenerse atlético y fuerte, de manera que cuando llegue la temporada de monta esté activo y preparado para realizar esta actividad. El padrote debe ser utilizado para la monta dos veces al día solamente. Por supuesto, esto para sistemas tecnificados.

Recorte de pezuñas.
Consiste en recortar las pezuñas cuando presentan sobre crecimiento. Esto se da sobre todo cuando las cabras están estabuladas, ya que por estar confinadas no desgastan las pezuñas. En sitios de alta humedad, estas pezuñas se reblandecen, se rompen y se complican con bacterias dando lugar a la formación de abscesos. Esto se conoce como enfermedad podal. El caprino presenta cojera. Las enfermedades podales pueden ser controladas construyendo los denominados Pediluvios. Para esto podemos utilizar las siguientes medidas: 2 a 3 m de largo, con 10 a 20 cm de profundidad y unos 45 a 50 cm de ancho. En estos pediluvios podemos utilizar una solución de Sulfato de cobre o formalina al 10%. Cuando el animal camina poco hay mucha dureza en el piso, las uñas crecen y se deforman, entonces debemos cortarlas. El periodo para realizar el recorte va entre 1 a 2 meses.

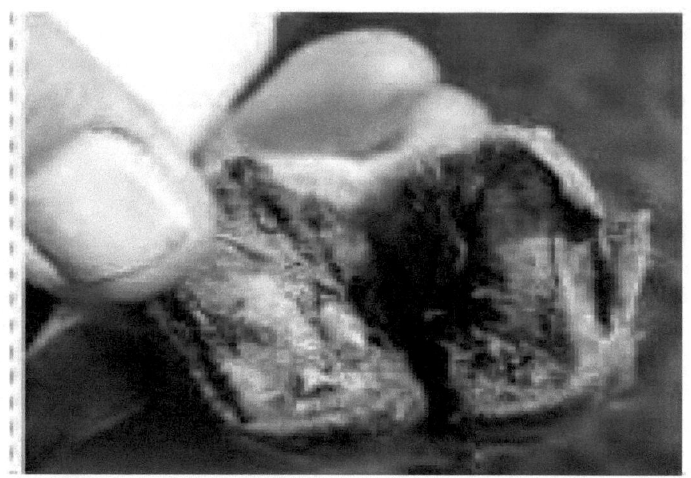

Las enfermedades podales provocan el reblandecimiento de la pezuña que se complica con infección bacteriana, de allí la presencia de pus y la dificultad para apoyar el miembro.

Castración

Mientras más avanzado está el animal en edad, mayores pueden ser las complicaciones en la labor de castración. La castración en pastoreo se realiza entre 8 a 12 meses de edad. Aunque es preferible hacerlo cuando el animal es más pequeño.

Existen varias maneras de castrar:

1.   **Elastrador** : Es una pinza con la cual se coloca una goma en el conducto deferente de los testículos. Y provoca la caída de estos por falta de irrigación de sangre.Los testículos deben caer en un lapso entre 28 a 30 días, pero debemos estar pendientes por cualquier complicación o infección que pueda suceder en el sitio donde está el elástico.

2.   **Emasculador**: El emasculador, es una pinza con la cual aplicando una presión sobre el conducto deferente del testículo, produce una ruptura interna del mismo y por lo tanto se corta el flujo de espermatozoides logrando que el macho sea estéril.

3.   **Castración quirúrgica**: Es el método de castración menos cruento de los tres y consiste en abrir con un bisturí y sacar los testículos a través de la abertura para luego proceder a ligar o amarrar para evitar un sangramiento o hemorragia. Esto se hace bajo efectos de anestesia local.

Todos los métodos de castración ameritan una supervisión diaria para determinar a tiempo cualquier infección que se pueda establecer, asimismo un tratamiento establecido por el médico veterinario para prevenir las complicaciones posteriores. De allí la importancia que la labor de castración sea cual sea, debe hacerse en las mejores condiciones de asepsia (limpieza).

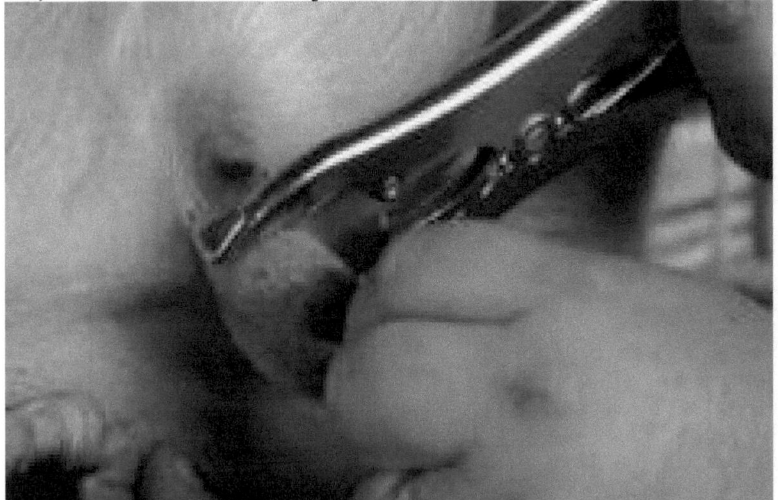

Fuente INIA

Factores que favorecen la aparición de enfermedades dentro de la unidad de producción:

• Presencia de vientos fuertes y fríos que pueden provocar la aparición de cuadros respiratorios, principalmente neumonías, que se pueden complicar con bacterias y provocar la muerte del animal.
• Aguachinamiento, que provoca el reblandecimiento de las pezuñas y posteriores problemas podales.
• Temperaturas ambientales extremas que pueden ocasionar condición de estrés al animal; tanto el frío como el calor excesivo causan la disminución de

la producción de leche, así como una mayor tasa de aborto y disminución de la fertilidad.

•	Corrales sucios que representan un problema porque aumentan la carga de parásitos y las probabilidades de enfermedades respiratorias por acúmulo excesivo de amoníaco.

•	Agua y bebederos sucios. Esto favorece que los animales dejen de consumir agua, lo cual trae como consecuencia la deshidratación de los mismos. Un animal deshidratado es susceptible a contraer cualquier enfermedad y muere fácilmente. No olvide que la principal causa de muerte es la deshidratación.

•	Basura dentro y alrededor de los corrales. Esta basura está constituida por plástico, trozos de mecate, bolsas, pañales, cordeles de pacas, entre otros. Debemos ser cuidadosos con la limpieza alrededor de los corrales y con la deposición de la basura.

•	Corrales en mal estado, que ocasionan heridas con posteriores consecuencias, hasta gangrenas. Deficiente ventilación del corral. Esto favorece la aparición de enfermedades respiratorias o muerte por golpe de calor.

•	Hacinamiento. Un corral que aloje más animales de los que puede soportar ocasiona mucho estrés. Debemos ser cuidadosos de no colocar animales de diferentes edades en el mismo corral. Por supuesto, principalmente en unidades de producción intensivas, donde los animales están confinados durante todo el día.

•	Las cabras tienden a desarrollar posiciones jerárquicas donde los animales de mayor tamaño tienden a golpear a los de menor tamaño.

•	Edad de los animales. Los animales jóvenes son más susceptibles a las enfermedades que los animales adultos de ambos sexos.

•	El sexo. Las hembras tienden a ser más susceptibles a las enfermedades que los machos, principalmente en una unidad de producción de leche.

•	Animales traídos de otras fincas que no han pasado por el corral de cuarentena y son introducidos directamente en el rebaño, pueden provocar la diseminación de cualquier enfermedad.

•	Alimentación deficiente en proteínas, energía y minerales. Un animal mal alimentado es un animal susceptible a padecer cualquier enfermedad, ya que su sistema inmunológico está deprimido.

Si logramos tener un control sobre estos factores, seguramente tendremos garantizada en gran parte la salud general de nuestro rebaño. Por supuesto, esto es un trabajo que debe ser disciplinado y constante para poder observar los resultados.

Vacunas.

Todos los días, observo con preocupación cómo se toma alegremente el hecho de aplicar las vacunas al rebaño. Las vacunas son llamadas también productos biológicos y esto se debe a que son elaborados a partir de seres vivos. Si no utilizamos las vacunas de una manera correcta, podemos estar introduciendo la enfermedad en un rebaño libre de esta. Por eso es tan necesario que antes de aplicar un plan de vacunación estemos seguros de cuáles son las enfermedades de la zona y cuáles son las enfermedades que verdaderamente ameritan ser controladas. Para aplicarlas, debemos estar preparados en la técnica.

Todas las vacunas que ameritan refrigeración no deben perder la cadena de frío. Esto quiere decir que en ningún momento debemos permitir que aumente la temperatura del producto. Incluso al momento de la vacunación no debemos tomar el pote de la vacuna en nuestra mano, ya que el contacto directo puede ocasionar el calentamiento del producto. Para poder vacunar debemos sacar el producto desde la cava que contiene el biológico. Además, debemos deshacernos de los frascos y botar el producto sobrante.

MANEJO SANITARIO DEL REBAÑO CAPRINO

VACUNACIÓN

LAS VACUNAS SE COLOCAN SEGÚN LA APARICIÓN DE LA ENFERMEDAD EN LA ZONA

TRIPLE (A PARTIR DE LOS 10 D DE NACIDOS Y DURANTE LA GESTACIÓN) REVACUNACIÓN CADA 6 MESES)

BRUCELOSIS (HEMBRAS ENTRE 3 Y 6 MESES UNA SOLA VEZ)

RABIA (SEMESTRAL O ANUAL).

TUBERCULINIZACIÓN (ACTUALMENTE SE EXIGE PARA LA GUIA DE MOVILIZACIÓN DE ANIMALES DE CRÍA)

CAPITULO VII

ENFERMEDADES MÁS COMUNES DE LAS CABRAS

Animal sano.

Un animal sano es aquel que siempre está alerta. Un animal que se alimenta y que bebe sin ningún problema. En cabras no es difícil determinar el cambio de conducta, ya que las cabras son animales muy activos que comen y beben constantemente.

Características de un caprino sano:
1.	Ramonea constantemente. Se mantiene activo, siempre está en movimiento. Presenta un pelaje brillante.
2.	Sus orejas se mantienen alerta.
3.	Su temperatura ambiental es normal en el caso de las cabras 39 °C y los cabritos 40.5°.
4.	Es recomendable tener un termómetro veterinario a la mano.

Animal enfermo.

En un animal enfermo, notamos un cambio de conducta.

Características de un animal enfermo.
1.	Es un animal que se aísla, deja de comer y de beber.
2.	Se muestra aletargado.
3.	Presenta pelo hirsuto.
4.	Puede presentar tos, mucosidades, secreciones, extrañas, aumentos de volumen, entre otros.

Un productor observador siempre notará a tiempo el cambio de conducta de sus animales.

Enfermedades del sistema digestivo.

Las enfermedades más resaltantes del sistema digestivo son las parasitosis. No obstante, cualquier enfermedad del sistema digestivo representa un grave peligro para la vida del animal. En este capítulo no vamos a tratar todas las enfermedades de los caprinos. Sin embargo, veremos las más comunes.

Coccidiosis.

La coccidiosis es una enfermedad parasitaria producida por un protozoario llamado Eimeria y afecta a animales de cualquier edad.

Síntomas de la coccidiosis.

- La coccidiosis se presenta principalmente como una diarrea de color amarillento o verde.
- Los animales se muestran inapetentes, mucosa ocular pálida, por supuesto, también habrá anemia y deshidratación.

Control

- Procurar que nuestro rebaño tenga una buena alimentación.
- Los cabritos deben consumir la cantidad de calostro adecuada al nacimiento (unos 60 ml en cada toma).
- Debemos aplicar frecuentemente la limpieza y desinfección de las instalaciones, principalmente de las áreas de maternidad y las cabriteras.
- Separación de animales jóvenes y adultos. Y en las fincas o las parcelas tecnificadas, el pastoreo rotacional porque si los animales siempre están pastoreando en el mismo sitio, la carga parasitaria siempre va a estar allí en ese potrero.

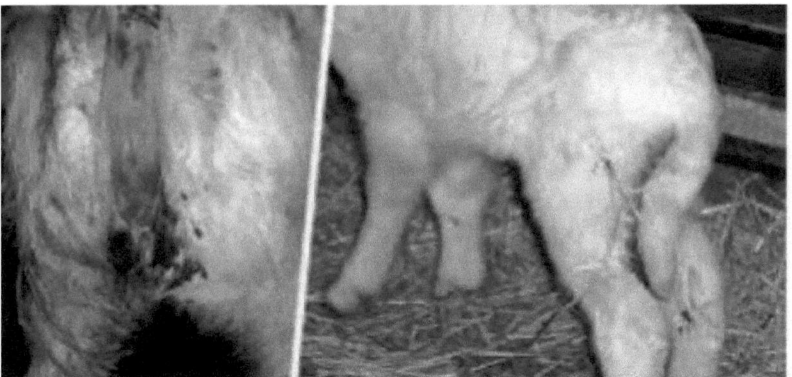

Diarrea por cocciodiosis. Estas diarreas estan muy relacionadas con la limpieza de las instalaciones. Deben ser tratadas con productos coccidiostaticos.

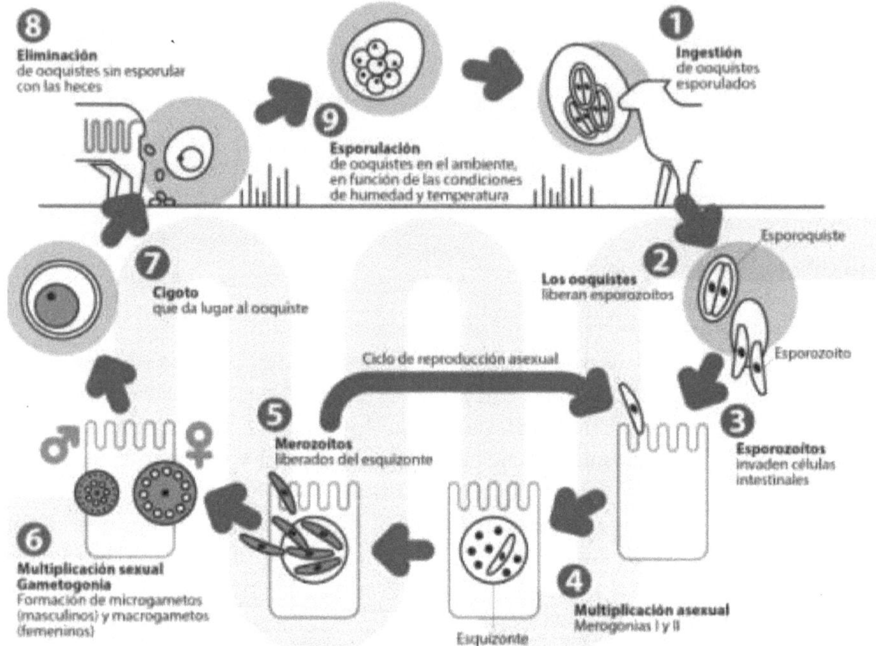

Ciclo evolutivo de Eimeria. Fuente Internet (Parastxpert.es)

Helmintiasis

Son parasitosis del sistema digestivo provocadas por unos gusanos parásitos. Existen muchos tipos de parásitos gusanos que atacan a las cabras.

Los principales parásitos gusanos que atacan a las cabras son:

Haemonchus. Trichostrongylus. Ostertagia. Bunostomun. Fasciola hepática.

El haemonchus es un nemátodo que se aloja en el abomaso o estómago verdadero de las cabras. Tiene la característica de poseer una probóscide con la cual se adhiere a la mucosa del estómago. Se alimenta de sangre, por lo tanto, provoca cuadros graves de anemia y edemas de bajo vientre.

Síntomas.

El signo característico de la haemonchosis es la anemia severa. En la necropsia encontraremos los parásitos ubicados en la mucosa del abomaso o cuajar.

Control.

Limpieza y desinfección de las instalaciones, así como aplicación de desparasitación sistemática. Limpieza diaria de comederos y bebederos.

Los productos desparasitantes orales que pueden utilizarse son el Albendazol al 10%, Febendazol y Closantel. Antes de aplicar cualquier desparasitante, es necesario realizar análisis de coprología. Es decir, exámenes de heces al 10% del rebaño.

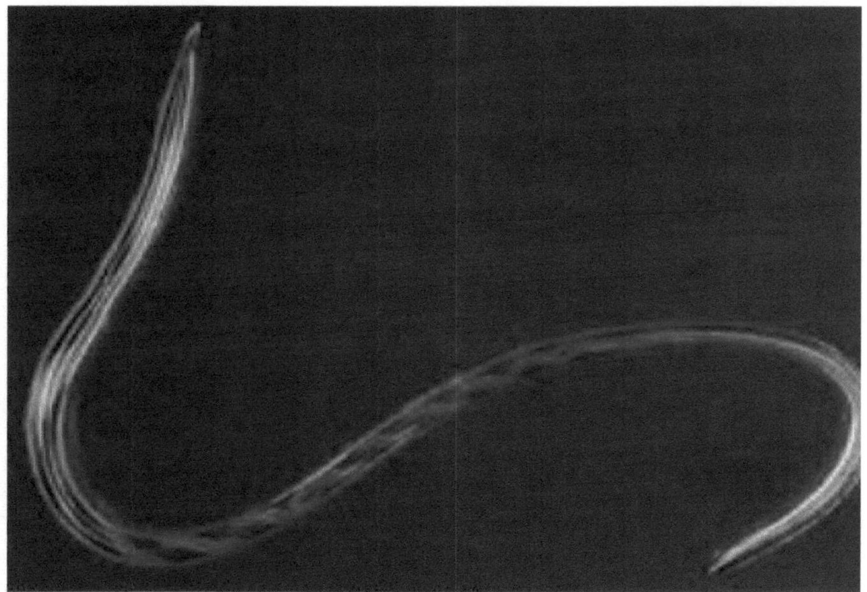

Haemonchus contortus se alimenta de sangre

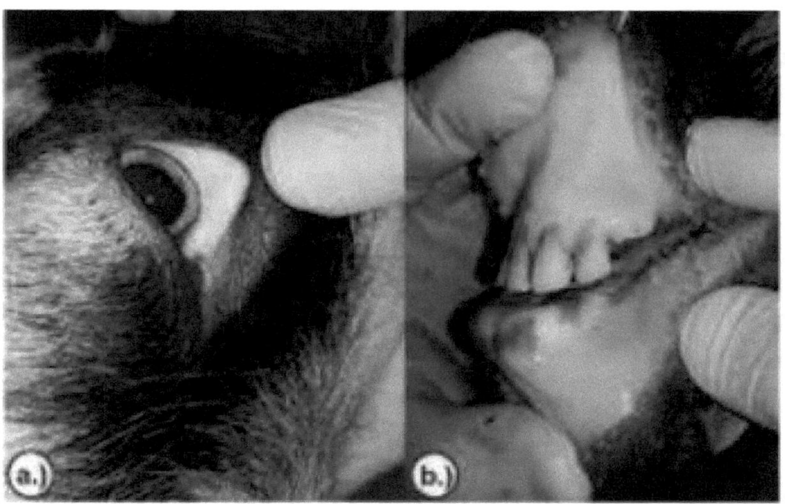

Mucosas pálidas por la anemia severa ocasionada por haemonchus.

Diarreas en cabritos recién nacidos.

Los cabritos, como cualquier recién nacido, nacen con la característica de tener el sistema inmunológico inmaduro. Por lo tanto, el espacio donde se desarrollan debe estar libre de suciedades. Por otro lado, los cabritos deben haber recibido la cantidad adecuada de calostro posterior al nacimiento.

Síntomas.

La presencia de las diarreas es evidente. Según sea la causa de la diarrea, podremos observar fiebre, decaimiento, presencia de moco, sangre o restos de alimento.

Control.

Si la sala de maternidad no ha sido desinfectada antes del parto, allí existen mayores posibilidades de que los cabritos recién nacidos desarrollen cuadros de diarrea. Lo recomendable es desinfectar la sala de maternidad 10 días antes de que ingrese la cabra que va a parir.

Entonces vamos a hablar de quién causa esta diarrea?

La diarrea está causada por muchísimos agentes, sin embargo, vamos a mencionar a los más comunes: Escherichia coli, Salmonella, Clostridium y Rotavirus. Escherichia coli se encuentra en el ambiente, inclusive se encuentra dentro del intestino de manera normal, pero cuando encuentra la oportunidad de reproducirse, causa enteritis y gastroenteritis (inflamación de la mucosa del estómago y del intestino).

Ya sabemos que lo primero que debemos hacer es la limpieza y la desinfección constante de las instalaciones, la desinfección profunda de esta área de maternidad debe realizarse al menos unos 10 días antes del parto.

Debemos asegurarnos del suministro adecuado del calostro y proporcionar una buena alimentación a la madre ya que si la madre tiene un buen plan de alimentación cuando está preñada, seguramente va a dar un buen calostro.

Las diarreas son la principal causa de muerte en cabritos antes del destete

Enfermedades respiratorias.

Las enfermedades respiratorias son de las más preocupantes dentro del rebaño, ya que la respiración es la base fundamental de la vida. Si el ingreso del oxígeno al cuerpo está limitado y todas las funciones celulares también.

Las enfermedades respiratorias más frecuentes son: la neumonía y la bronconeumonía, que en ocasiones son producidas en primera instancia por la presencia de parásitos.

Los principales agentes causales de enfermedades respiratorias en cabras son: los micoplasmas, las pasteurellas, las clamidias y los retrovirus.

¿Qué pasa cuando el animal se inmunosuprime?

Un animal inmunosuprimido, es susceptible a cualquier enfermedad. Por ejemplo, una de las cosas que más predisponen a los animales a desarrollar problemas respiratorios dentro de un corral, es el olor a amoníaco. Cuando ellos orinan y defecan y estos no se retiran, el corral se impregna con un olor de amoníaco tan fuerte que genera una fuerte carga de estrés, y por consiguiente se bajan las defensas.

Micoplasmosis

Es una enfermedad respiratoria causada por una bacteria llamada Mycoplasma pleuropneumoniae que puede causar neumonías y bronconeumonías.

¿Qué significa neumonía?

La palabra neumonía quiere decir inflamación del pulmón. En este cuadro, el pulmón cambia de consistencia, se inflama, se llena de líquido, y sufre una serie de cambios que impiden que el oxígeno penetre con normalidad, esto ocasionando la pérdida de la capacidad respiratoria lo que compromete enormemente su vida.

Síntomas de enfermedad respiratoria

- Animales decaídos, lo que nos puede indicar que tienen fiebre.
- Nariz seca.
- Pérdida del apetito.

- Enflaquecimiento, tos y presencia de secreciones nasales.
- Dificultad respiratoria.
- Finalmente muerte por asfixia.

Pulmón con pleuroneumonía

Control

- Buenas prácticas de manejo. Acá van incluidas las prácticas del módulo anterior. Limpieza, desinfección y barrido del corral.
- Evitar las corrientes de aire, sobre todo para los animales jóvenes.
- Evitar el hacinamiento.

Bronquitis verminosa.

La bronquitis verminosa es un cuadro bronquial ocasionado por un parásito muy delgadito parecido a un cabello que forman unos rollos en los bronquios.

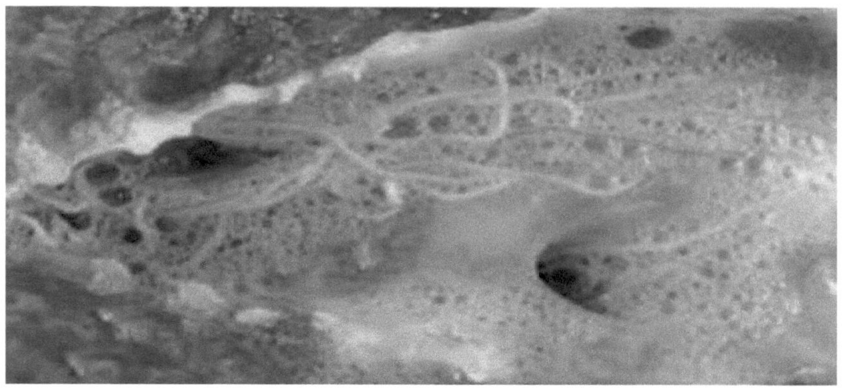

Observe los parásitos ocupando los bronquios

En la ilustración anterior pueden observar un pulmón cortado transversalmente y los parásitos ocupando los bronquios.

Síntomas

• El signo clínico más evidente es la tos, sobre todo en horas de la mañana, que se agudiza cuando hay frío. Esta tos no cede al tratamiento, es decir, notamos que no desaparece aun cuando hemos colocado antibióticos y otros fármacos para enfermedades respiratorias.
• Enflaquecimiento progresivo.
• Presencia de secreciones nasales, al principio son claras y luego cambian de color.
• Dificultad respiratoria.
• Muerte por asfixia.

Control.

• El pastoreo rotativo es para la unidad de producción tecnificada, donde se pastorean el semi intensivo.
• Plan de desparasitación sistemática.

Enfermedades reproductivas

Las enfermedades reproductivas representan un gran problema en una unidad de producción de leche, ya que como todos sabemos, de la reproducción depende la producción.

Brucelosis

La brucelosis es una enfermedad reproductiva contagiosa de cuadro crónico. Además, es una enfermedad zoonótica, es decir, se transmite de los animales al hombre y viceversa.Por lo que debemos evitar hacer contacto directo con las secreciones provenientes del aborto.

El ser humano ocasiona grandes daños, se puede manifestar por artritis crónica, fiebres intermitentes y orquitis en el hombre. En las cabras está causada por una bacteria llamada Brucella melitensis. Los abortos por brucelosis se pueden observar hacia el cuarto mes de preñez cuando el cabrito está casi formado.

Síntomas

• El signo característico es el aborto hacia el cuarto mes de preñez, sin embargo, es necesario realizar la prueba para estar seguro.
• Los machos del rebaño pueden presentar inflamación testicular conocida con el nombre de Orquitis.

Control

• Realizar las pruebas de brucelosis y de control interno para monitorear la enfermedad en el rebaño.
• Utilizar guantes de látex a la hora de atender los partos o abortos.
• Evitar tener cualquier contacto con secreciones provenientes del tracto genital de la hembra en caso de aborto.
• Revisar constantemente a los machos en busca de algún signo de inflamación testicular.
• Someter a cuarentena a los animales comprados en otras unidades de producción.
• Evitar el consumo de la leche o las carnes de un animal positivo a Brucelosis.
• Eliminación de animales enfermos.

Mastitis

Es una enfermedad de mucha importancia económica en los rebaños de producción de leche. La mastitis está causada principalmente por estafilococos y estreptococos. Estas bacterias provocan infecciones purulentas, es decir, donde se presenta acúmulo de pus. Es una enfermedad bastante difícil de controlar una vez que aparece. Sin embargo, implantando las buenas prácticas de ordeño podemos mantenerla a raya.

Existen varios tipos de mastitis.

Mastitis aguda

Las mastitis agudas son aquellas que podemos visualizar rápidamente donde la ubre se vuelve caliente, roja y dolorosa al tacto. Podemos, además, sentir la presencia de abscesos en el tejido mamario.

Mastitis subclínica

Son un tipo de mastitis que no da signos. En otras palabras, pasa desapercibida.

Mastitis Hiperaguda

Son bastante agresivas, en cuestión de 24 horas podemos perder la ubre.

Control

- Realizar diariamente la prueba de fondo negro antes del rebaño.
- Limpieza y desinfección de las instalaciones.
- Revisión diaria de la ubre antes del ordeño.
- Lavarse las manos con jabón antes de ordeñar.
- Procurar una sala o área de ordeño limpia.
- Aplicar el sellado de la ubre al finalizar el ordeño.

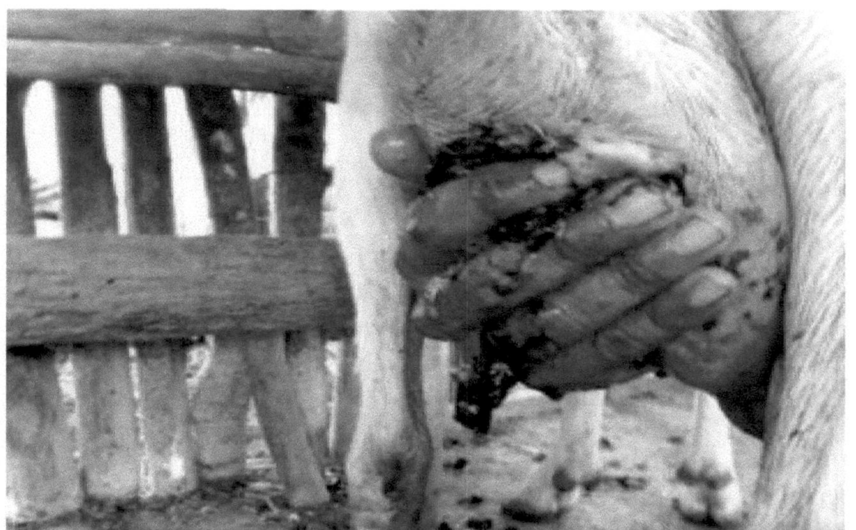

Algunos productores utilizan tratamientos naturales en conjunto con el tratamiento indicado por el médico veterinario con buenos resultados, en este caso, se está aplicando pulpa de totumo que ayuda a desinflamar la ubre.

Metritis

La metritis se refiere al engrosamiento de la pared del útero o matriz. Al principio, esto puede ser mediado por un mecanismo hormonal. Luego se complica con bacterias para transformarse en una piometra. Esto quiere decir presencia de pus en la matriz. Luego podremos observar la salida de una secreción blanquecina a través de la vulva.

Síntomas.

- Pérdida del apetito.
- Enflaquecimiento.
- Fiebre.
- Deshidratación, porque el animal deja de tomar agua.
- En ocasiones, mal olor. Muerte, si no es tratada a tiempo.

Control.

• Observación de las hembras luego del parto, limpieza y desinfección del área de maternidad.
• Realizar lavado de la vulva después del parto.

Hemoparasitosis

Son infecciones causadas por parásitos de la sangre. Suelen ocasionar muchas pérdidas económicas, ya que causan anemias severas. Los hemoparásitos que afectan la producción en cabras son: Anaplasma, Babesia y Tripanosoma.

Anaplasmosis

El Anaplasma es una enfermedad producida por un microorganismo llamado Anaplasma marginale.

La anaplasmosis se caracteriza por producir:
• Fiebre
• Inapetencia
• Anemia.
• Baja la producción de leche.
• Deshidratación
• Muerte.

Control

En este caso existen algunos protocolos de tratamiento para mantener el anaplasma controlado. Lo ideal es consultar con su veterinario de confianza.

Babesiosis

La babesiosis es producida por un parásito llamado Babesia bigemina. Este parásito se aloja dentro de los glóbulos rojos de la sangre. Es transmitida por las garrapatas y posee un síntoma característico y es la presencia de sangre en la orina conocida como hematuria. En este caso usaremos productos como el babenil.

Tripanosoma.

Es un hemoparásito que ocasiona una enfermedad conocida como tripanosomiasis o derrengadera. En este caso, el animal queda postrado del tren posterior, además de que sufre un enflaquecimiento progresivo muy notorio.

Control de las hemoparasitosis.

- Utilizar agujas estériles para colocar los tratamientos.
- Llevar a cuarentena los animales recién ingresados a la unidad de producción.
- Realizar pruebas de sangre periódicas para el descarte de hemoparásitos.
- Estar atento a cualquier cambio en las cabras después del parto o ante cualquier situación estresante.
- Aportar buenos niveles de nutrientes en la dieta.
- Rotación de potreros.
- Control de garrapatas.
- Para controlar y curar el tripanosoma también podemos utilizar babenil.

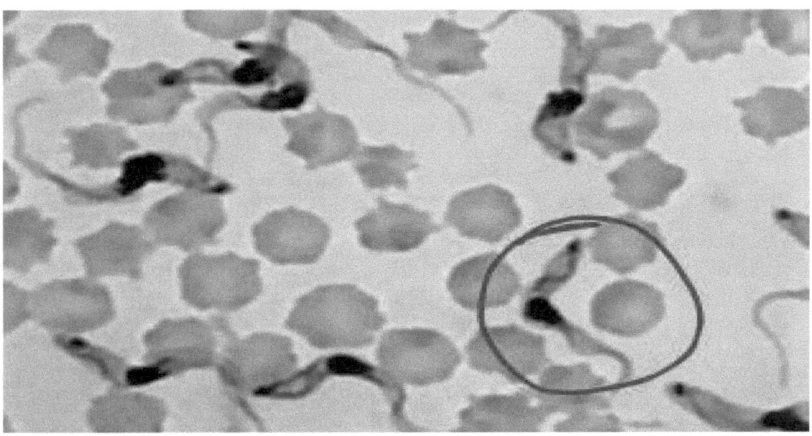

Trypanosoma

Enfermedades no infecciosas más comunes en la producción de cabras. Timpanismo.

Consiste en la acumulación de gases en el rumen o panza del rumiante. Esto puede ocurrir bien sea porque el animal consume el pasto muy fresco y esto produce una serie de gases a nivel de la panza. Cuando hay una alimentación inadecuada que provoca acumulación de gases o de espuma dentro de este rumen y se frena el mecanismo de liberación de los gases a través del eructo, entonces ocurre lo que nosotros conocemos como timpanismo.
Un timpanismo puede provocar inclusive que el animal muera por asfixia o por infarto, ya que el rumen se llena tanto de gases que eso hace presión contra el tórax. Por eso hay que acudir rápidamente a hacer esa liberación de los gases, bien sea con unas agujas especiales que se colocan por el lado izquierdo, el animal se acuesta sobre su lado derecho y se puede drenar con esas aguas especiales por el lado izquierdo, liberando así los gases. También podemos utilizar un medicamento muy, muy común en las unidades de producción de leche, como es el timpaveex. Por otro lado, debemos ser cuidadosos a la hora de guardar los alimentos concentrados para evitar que los animales tengan acceso directo al mismo y puedan comerlos en exceso.

Observe El aumento de volumen en el flanco izquierdo
provocados por la acumulacion de gases

Hipomagnesemia de los pastos.

Es una disminución del magnesio en sangre. Comienza a aparecer primero una hiperexcitabilidad, es decir, el animal se vuelve susceptible a los ruidos, se pone muy inquieto, muy tranquilo, luego cae en un estado de letargo, cae rígido y finalmente muere.

Tratamiento

En este caso, el tratamiento se realiza con gluconato de calcio y sulfato de magnesio. Si ya tenemos el caso clínico, debemos utilizarlo por vía intravenosa. Podemos prevenirlo con la utilización de magnesio en polvo en la alimentación. Esto se produce porque nuestros pastos son deficientes en magnesio. Suele sucederles a los animales de mayor producción.

Hipocalcemia posparto.

También llamada fiebre de la leche. Es una condición que implica la disminución del calcio a nivel de la sangre, lo que ocasiona postración y letargo en la cabra. Esto puede suceder de 1 a 4 días después del parto, generalmente se da en animales de alta producción.

Tratamiento

Ante esta situación, debemos proporcionar el calcio a través de la vía endovenosa con la utilización de productos como suero negro, gluconato de calcio, entre otros. La administración del tratamiento debe ser rápida y el resultado se ve casi de manera inmediata. Si no tratamos a tiempo, el animal muere.

Ante un caso de fiebre de la leche debemos actuar rápidamente con la aplicación intravenosa de Gluconato de Calcio.

Capitulo VIII

Higiene de la leche

Introducción

En el segundo capítulo, cuando hablamos de las razas lecheras, mencionamos las características de la ubre que determinan la producción de leche. En el capítulo V se mencionaron las características de una hembra productora de leche. En este capítulo trataremos básicamente de las prácticas de higiene básicas que hay que realizar a la hora de ordeñar.

Además conoceremos la composición de la leche y la importancia de aplicar una correcta técnica de ordeño, principalmente como medida de prevención de la mastitis.

La leche es un producto altamente perecedero, es decir, se daña con facilidad, por lo tanto las prácticas sanitarias durante el ordeño, la limpieza, la desinfección de las instalaciones, equipos e insumos utilizados durante el ordeño es fundamental para producir leche de calidad.

Como debe ser una cabra lechera

Recordemos cómo tiene que ser una cabra productora de leche:

• Debe tener capacidad corporal, es decir, de pecho y abdomen ancho, esto denota su capacidad respiratoria.

• Debe tener además abdomen ancho y profundo que representa su capacidad digestiva.

• Debe ser un animal de ancas largas y caderas anchas, ubre bien desarrollada y bien insertada que se adhiera completamente toda la superficie, esponjosa, sin durezas, con pezones de un tamaño que me permitan ordeñar, patas fuertes y bien formadas.

En la fotografía anterior, observamos una cabra con las características que acabamos de mencionar. Es un animal de cabeza y el cuello es fino, de apariencia femenina, con pecho ancho, con buenos aplomos, alerta, de apariencia sana.

Un animal para la reproducción tiene que cumplir con estas características:

• Debe tener apariencia masculina.

• Debe ser fuerte de pecho y de cuello.

• Espalda recta bien formada. Buenos aplomos.

- El escroto debe estar bien formado, sin lesiones, sin úlceras o llagas sin ningún tipo de verruga tiene que estar completamente.
- Debe contener los dos testículos.
- Los testículos deben estar parejos, sin endurecimientos, sin dolor al tacto con un diámetro total de entre 24 y 27 cm.
- El pene, debe estar sin alteraciones y sin dolor al tacto.

La leche

La leche es el alimento producido luego del parto, por una hembra mamífera para alimentar a su cría en los primeros días de su vida.

El hombre interviene con el paso de los siglos haciendo que estos animales produzcan un excedente de leche. Se crearon métodos para que los animales produjeran mucha más leche de lo que naturalmente estaban diseñados para hacerlo, para valerse de excedentes para su propia alimentación.

Luego se pensó en la producción de leche con fines comerciales hasta la actualidad donde existen grandes industrias dedicadas a la producción láctea y sus derivados. La leche ha sido llamada superalimento, precisamente porque está diseñada por la naturaleza para permitir la supervivencia del cabrito en sus inicios. Esta leche contiene una gran cantidad de nutrientes para cubrir todas las necesidades de la cría. Nutrientes que son aprovechados por nosotros.

Composición general de la leche

La leche está compuesta por agua, alrededor del 85%, y el resto sólidos totales. Los sólidos totales de la leche están constituidos por grasa y proteínas, principalmente. La proteína de la leche se llama caseína y el azúcar de la leche se llama lactosa. Además de esto, contiene minerales como el calcio, por ejemplo, vitaminas del complejo B, vitamina A, enzimas y pigmentos.

Tabla 1. Composición de la leche de cabra

Composición de la leche de cabra (%)	
Sólidos totales	11,70-15,21
Proteína (Nx6,38)	2,90-4,60
Grasa	3,00-6,63
Lactosa	3,80-5,12
Cenizas	0,69-0,89
pH	6,41-6,70

Fuente: Boza *et al.*, 1992, citado por Cruz *et al.*, 2012

En la lámina anterior, pueden observar la composición de la leche de cabra, sin embargo, esta composición puede variar gracias a muchos factores. Entre estos tenemos, por ejemplo:

- La alimentación del animal.
- Cantidad de agua que consume el animal.
- El nivel de fertilización de los pastos que consumen.
- La raza.
- El número de lactancias.

El ordeño.

El ordeño es la labor que se realiza para extraer la leche de cabra. La forma como se realiza el ordeño influye de gran manera en los resultados de la explotación y en la calidad de la leche. Producir leche es una labor de gran responsabilidad, ya que la leche es un producto altamente perecedero capaz de transmitir fácilmente enfermedades a sus consumidores. De allí la importancia de realizar una buena práctica de ordeño para cuidar la salud de su familia y de la comunidad.

Técnica de ordeño.

Es de suma importancia aplicar la técnica correcta de ordeño. Es necesario tomar en consideración todos los factores que rodean al ordeño.

Factores influyen en la calidad, cantidad y composición de la leche:

- Manera de ordeñar.
- Frecuencia del ordeño.
- Manera de tratar a los animales en el ordeño antes, durante y después del mismo.

Maneras de ordeñar.

La manera de ordeñar se refiere a que existen dos tipos de ordeño, un ordeño manual y un ordeño mecánico. Por supuesto, el ordeño manual es aquel que se realiza sin ninguna máquina, sencillamente con la mano. El ordeño mecánico es aquel donde se utilizan unas máquinas especializadas para extraer la leche a las cuales nosotros conocemos como máquinas de ordeño.

El método más común en nuestro agro venezolano es el ordeño manual, aunque existen algunas unidades de producción que utilizan el ordeño mecánico. En el mercado podemos encontrar máquinas ordeñadoras de un puesto o de varios puestos.

El ordeño manual requiere de una técnica correcta y una limpieza adecuada

Pasos para realizar el ordeño

1. Tener todos los instrumentos del ordeño listos, todo lo que vamos a utilizar, los baldes, el asiento y todo lo que vamos a utilizar
2. Lave muy bien sus manos con agua y jabón. Esto es muy importante, toma un poco más de tiempo, sin embargo, es absolutamente necesario porque la cantidad de microorganismos que regularmente tenemos en nuestras manos pueden contaminar la leche.
3. Lavar los pezones de la cabra con agua limpia y secarlos con papel absorbente o toallas limpias destinadas para este fin.
4. Descartar los primeros chorros de leche. Esto con el fin de hacer un seguimiento a la mastitis.
5. Sellar los pezones con una solución desinfectante a base de clorhexidina yodo, o yodo mezclado con glicerina. En el mercado hay muchos productos selladores.
6. Guardar la leche bajo refrigeración, ya que si se calienta en condiciones naturales, empiezan a desarrollarse los microorganismos que están allí. La refrigeración, la pasteurización y estos procesos neutralizan o detienen la

multiplicación de microorganismos en la leche. Los rangos de refrigeración van entre 4 y 8° centígrados.

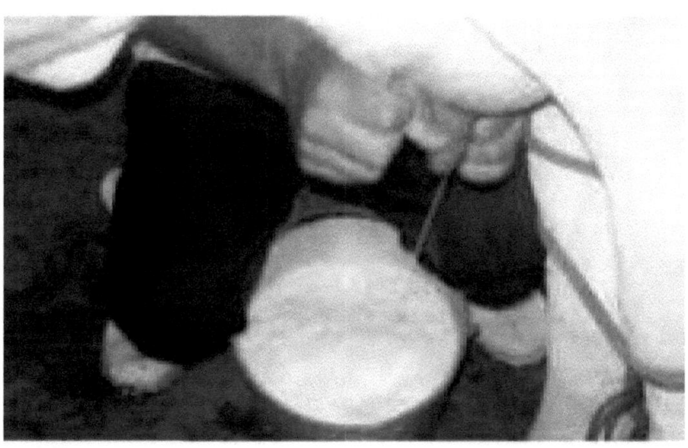

Ordeño mecánico.

El ordeño mecánico es el proceso de extracción de la leche de la glándula mamaria utilizando máquinas ordeñadoras. Tiene la ventaja de que se necesitan menos personas, ahorra tiempo y hace el trabajo más sencillo. Además, la leche obtenida es mucho más limpia, ya que pasa directamente de las pezoneras al tanque de refrigeración.

Sin embargo, la desventaja que presenta es el monto de inversión y el mantenimiento del equipo debe realizarse cuando las condiciones están dadas. Para introducir el ordeño mecánico hay que crear primero las condiciones en la unidad de producción.

Utilizar la tecnología no está mal porque la tecnología es buena, sin embargo, debemos estar preparados para enfrentar cualquier eventualidad sin desistir. Finalmente, unas recomendaciones para que el ordeño sea una labor excelente. Es importante que al inicio trate a sus cabras con suavidad, las cabras son animales muy nobles que exigen poco y dan mucho.

Entonces lo menos que podemos hacer es tratarlas bien. https://youtu.be/t1ZfEab5pEA?si=Yg0E-sK1XrZlWd3o

Referencias bibliográficas

Infobae.com. 15 de abril de 2012. La domesticación de animales se remonta a hace 8 millones de años y ocurrió en Asia Central. www.lapatilla.com/2021/04/15/la-domesticacion-deanimales-se-remonta-a-8-mil-anos-atras-y-tuvo-lugar-en-asia-central.

Ostos, Mayut. Noviembre de 2023. Reseña del gen Slick en bovinos criollos tropicales. https://repository.udca.edu.co/server/api/core/bitstreams/d814c92c-b9ba-4b47-94f1- 6d0caa7f1948/content.

Kernizan, Within. 2 de junio de 2017. ClaseOvinos-yCaprinos.https://es.slideshare.net/slideshow/clase-v-ovinosycaprinos/76604932.

Gutiérrez, Javier. 13 de septiembre de 2016. https://ganaderiasos.com/factores-que-afectan-lacalidad-de-carne-de-cabra/

Pavia, Maritsa. 19 de mayo de 2023. Aparato Reproductor Del Caprinos.pptx. https://es.slideshare.net/slideshow/aparatoreproductordelcaprinospptx/257919 062.

Drescher, Karin. Anatomía fisiológica de la glándula mamaria. http://www.ucv.ve/fileadmin/user_upload/facultad_agronomia/Producion_Ani mal/Agroindus trial/Lactancia.pdf

Drescher, Karin. Fisiología de la lactación en especies de interés doméstico. http://www.ucv.ve/fileadmin/user_upload/facultad_agronomia/Producion_Ani mal/Fundamentos_II/Asignatura_Complementaria/Lactogenesis_y_Galactopo yesis.pdf

Amills, Marcel. Diciembre 2009. El abuelo canario de las cabras latinoamericanas.https://www.uab.cat/web/detalle-noticia/el-abuelo-canario-de-las-cabraslatinoamericanas1345680342040.html?articleId=1259824611156 Gobierno de canarias. 8 de abril de 2019. Cabra majorera. https://www3.gobiernodecanarias.org/medusa/wiki/index.php

Ecosistemas. https://ecosistemas.net/dinamica-de-los-ecosistemas.

Cofre, Pedro. Sistemas de producción caprinos. https://biblioteca.inia.cl/bitstream/handle/20.500.14001/6471/NR28593.pdf?sequence=8&isA llowed=y

Alberti, Aldo & Ducoing, Andrés. Instalaciones caprinas. https://amaltea.fmvz.unam.mx/textos/Instalaciones%20caprinas.pdf

Haque, Z; Haque, Azimul & Quasem, M. 01 de marzo de 2016. Análisis Morfológico y Morfométrico del Ovario de Cabra Negra de Bengala (Capra hircus)https://www.semanticscholar.org/paper/Morphologic-and-Morphometric-Analysis-ofthe-Ovary-Haque-Haque/569d4cc52c68364fc6be3d3d52f3a4545fbb4414

Biovet, S.A. 02 de junio de 2020. Coccidiosis en rumiantes. https://www.veterinariadigital.com/post_blog/coccidiosis-en rumiantes/#:~:text=La%20coccidiosis%20en%20rumiantes%20es,con%20ma yor%20densida d%20de%20poblaci%C3%B3n.

Orcellet ,V; Bono Battistoni M; Plaza D et al. Noviembre 2015. Prevalencia de parásitos gastrointestinales en caprinos del Departamento 9 de julio en el norte de Santa Fe. https://www.fcv.unl.edu.ar/investigacion/wpcontent/uploads/sites/7/2018/11/S A_ORCELLET_V.pdf

Moncada, Juan & Portal, Lizbeth. Agosto 2023. Informe de falla terapéutica de Febendazol, Levamisol e Ivermectina en el control de nematodos gastrointestinales en ganado lechero (Bos taurus) en Cajamarca, Perú.

https://www.researchgate.net/figure/Figura-2-Larvas-L-3-denematodos-encontradas-en-las-tres-explotaciones-Trichostrongylus_fig1_373857867

Kumar, Pankaj. Mycoplasma. https://basu.org.in/wp-content/uploads/2020/04/MycoplasmaPDF.pdf

Contexto ganadero. 15 de agosto de 2016. Bronquitis verminosa enfermedad que ataca a los terneros. https://www.contextoganadero.com/ganaderia-sostenible/bronquitis-verminosaenfermedad-respiratoria-que-ataca-los-terneros

Cora Ibarra, Juan Facundo; Odriozola, Ernesto; Chiapparrone, María Laura. Diciembre 2015. Anaplasmosis bovina en provincia de Buenos Aires. Descripción de un caso clínico. https://ridaa.unicen.edu.ar:8443/server/api/core/bitstreams/f314350e-c374-4d15-a2bc7a382d69682a/content

Contexto ganadero. 15 de enero de 2024. Como prevenir la tripanosomiasis en bovinos. https://www.contextoganadero.com/ganaderia-sostenible/como-prevenir-la-tripanosomiasisen-bovinos

Cabras en Paraguay. 02 de julio de 2021. Timpanización en cabras y ovejas. https://www.facebook.com/1000634479291707/posts/315098573648940/

Granja Mirabella. Cabras Nubian. https://granjamirabella.com/cabras-lecheras/cabrasnubian/starfire-rhcr-pollyanna/

Bidot, Adela. Mayo- agosto 2017. Composición, cualidades y beneficios de la leche de cabra: revisión bibliográfica. https://go.gale.com/ps/i.do?id=GALE%7CA500071877&sid=googleScholar&v=2.1&it=r &linkaccess=abs&issn=02586010&p=IFME&sw=w&userGroupName=anon %7Eabb5cd 34&aty=open-web-entry https://www.youtube.com/watch?app=desktop&v=OsShOBheqI0

"El progreso siempre implica riesgos. No puedes robar la segunda base manteniendo tu pie en la primera".
Frederick B Wilcox.

Buy your books fast and straightforward online - at one of world's fastest growing online book stores! Environmentally sound due to Print-on-Demand technologies.

Buy your books online at
www.morebooks.shop

¡Compre sus libros rápido y directo en internet, en una de las librerías en línea con mayor crecimiento en el mundo! Producción que protege el medio ambiente a través de las tecnologías de impresión bajo demanda.

Compre sus libros online en
www.morebooks.shop

Printed by Books on Demand GmbH, Norderstedt / Germany